Die

Feld-Kochkunst

von

Chr. von Fischer.

Berlin,
G. Reimer.
1833.

Vorwort.

Das strategische Vehikel, der Magen, hat sich bis jetzt noch keines besonderen Bearbeiters, wenn man die eigene Galle des Soldaten ausnimmt, zu erfreuen gehabt, und findet, auch in den militairischen Werken, die zum Theil zu trocken, zum Theil zu unverdaulich sind, oder nur das toujours perdrix bieten, fast gar keine Ausbeute, weßhalb hier einige Data zu seiner Befriedigung, auf selbstgemachte Versuche und anderweitige Erfahrungen gegründet, mit der Absicht zusammengestellt worden sind, der militairischen Gastronomie auch ihr

Recht wiederfahren zu lassen, denn der beste Koch der Uebersättigten im Frieden, nämlich der Hunger, spielt im Kriege eine schlechte Rolle.

Der Verfasser.

Inhalt.

Einleitung.

Es dürfte hinlänglich bekannt sein, daß Mangel guter Nahrungsmittel, bei starker körperlichen Anstrengung, auf den Menschen höchst nachtheilig wirkt, ansteckende Krankheiten veranlaßt, die Glieder lichtet, die Lazarethe füllt und oft Tod und Verderben herbeiführt; daß der Genuß schlechter und verdorbener Nahrungsmittel noch schrecklichere Ergebnisse liefert, und daß der gut genährte Soldat sich besser schlägt und leichter jedes Hinderniß überwindet, als der durch Hunger oder schlechte Nahrung entkräftete. Vornehmlich dem deutschen Soldaten gebe man, wenn er fechten soll, statt guter Worte, die seine Ambition zu kitzeln bestimmt sind, gute kräftige Nahrung und einen bequemen Anzug, dann fühlt er sich in seiner Haut und thut wie ihm geheißen. Hungrig ist mit ihm nichts anzufangen; hier hat der Franzose Vorzüge.

Oft ist es schon vorgekommen, daß aus Mangel an Lebensmitteln sich Festungen ergaben, verschanzte Lager ausgehungert wurden, ganze Korps, selbst in dem für sie vortheilhaftesten Terrain, die Waffen streckten, glückliche Operationen keinen Vortheil brachten, Feldzüge scheiterten und Armeen zu Grunde gingen, und demungeachtet wurde der militairische Haushalt, dieser so wichtige Theil der Kriegeskunst, bis jetzt so unbeachtet gelassen, daß er höchstens oberflächlich nur erwähnt wird.

Dieser Umstand mag wohl darin seinen Grund haben, daß die Officiere es nicht für angemessen hielten, sich speciell damit zu beschäftigen, und daß die Personen, welche früher das Verpflegungsgeschäft besorgten, nach dem Kriege keine Veranlassung hatten, sich weiter darum zu bekümmern, und bei einem nachfolgenden Kriege auch selten wieder hierzu angestellt wurden, wodurch die Erfahrungen eines jeden Krieges in dieser Branche immer verloren gingen.

Die Geschichte überliefert uns nur wenig über den vorliegenden Gegenstand.

Eicheln, Datteln (die Frucht des Palmbaums) und Feigen gehören zu den ersten Nahrungsmitteln der Menschen; Gerste war die erste Art des Getreides, welche die Griechen bauten, und wovon sie Brod buken. (Pausanias Attic. c. 38. Plinius in Nat. I. 18. sect. 14. ꝛc.)

Die überseeischen Unternehmungen der Völker aller Zeiten bedurften nothwendig einer angemessenen Verproviantirung, die auch ohne Zweifel bei der mythischen Fahrt der Argonauten unter Jason nach Kolchis, 1250 Jahre v. Chr. Geb., wenn selbige geschichtlich näher begründet würde, so wie bei dem Seezuge der Griechen unter Agamemnon nach Troja, 1180 v. Chr. Geb., der übrigens ebenfalls noch an's Fabelhafte grenzt u. s. w. nicht gefehlt haben wird.

Bei den Lacedemoniern gab die Staatskasse seit dem 9ten Jahrhunderte v Chr. Geb. nichts zum Unterhalte der Soldaten her; jeder versorgte sich selbst.

In spätern Zeiten wurden jedoch die Spartaner auf öffentliche Kosten mit Lebensmitteln versehen.

Die Soldaten pflegten gewöhnlich ihre Lebensmittel selbst zu tragen, die mehrentheils in gesalzenem Fleische, Käse, Oliven, Zwiebeln und dergleichen bestanden.

Die Spartaner, deren bekannte Suppe wohl aus geröstetem Gerstenbrode zubereitet worden sein mag, duldeten Niemanden in ihrer Stadt, der die Kochkunst zur Zubereitung von Leckerbissen und dadurch zur Verweichlichung der Nation anwandte; dagegen hatten sie Fleischköche.

In anderen griechischen Staaten hingegen wurden die Köche mehr geachtet; die sicilianischen Köche waren bei ihnen berühmt, und Heraklides, so wie Glaukus, schrieben über die Kochkunst.

Das gewöhnliche Getränk der Griechen war eine Mischung des Weins mit Wasser.

Perikles machte 448 — 429 v. Chr. Geb. zu Athen den Anfang, den Soldaten Sold zu geben, der mit der Zeit stieg und fiel; im Durchschnitt betrug er für den Mann zu Fuß täglich 2 Oboli oder monatlich 10 Drachmen, für den Mann zu Pferde monatlich 30 Drachmen.

Die 10,000 Griechen unter Xenophon, welche den so berühmten Rückzug, 400 v. Chr. Geb., machten, müssen größtentheils ihre Verpflegung mit sich geführt haben.

Wie viel Alexander (336—23 v. Chr. Geb.) den Söldnern gab, hat weder Diodor, noch Plutarch, noch auch Strabo bestimmt ausgesprochen; wahrscheinlich bekamen sie (so wie 60 Jahre früher die Söldner des jüngeren Cyrus) der Infanterist monatlich 1½ Darikos, der Kavallerist das Dreifache. *) Die Verpflegung geschah jedoch wohl größtentheils auf Feindes Kösten, und in armen Ländern auf Kosten des Königs.

Die Perser müssen wohl schon eine regulirte Proviant-Nachfuhr, in den Zeiten der Kriege mit den Griechen, bei ihren Heeren gehabt haben, sonst wäre es nicht zu erklären, daß Darius 493 — 90 v. Chr. Geb., und Xerres 480 — 478 v. Chr. Geb. ungeheure Armeen in Thracien (dem heutigen Rumelien) ernähren konnten, wo man zur jetzigen

*) Ein Darikos = 2 Drachmen = Goldes = 20 Drachmen Silbergeldes damals = etwa 4 rthl. jetzt.

Zeit Mühe haben würde eine Armee-Korps zu versorgen.

Herodot VII. sagt darüber: auf Befehl des Xerxes hätten die Phönizier und Aegypter schon im voraus in Macedonien und Thracien Magazine anlegen müssen. Der Mangel an Proviant zwang aber doch den König, sein unermeßliches Heer in drei Theile zu theilen.

Früher scheint dies weniger bei ihnen der Fall gewesen zu sein; denn bei dem Heere des Kambyses in den afrikanischen Wüsten (525 v. Chr. Geb.) war die Noth so groß, daß die Soldaten sich, wie die Geschichte uns überliefert, unter einander verzehrten, und das Loos die Opfer bestimmte, welche von den Kameraden verspeist wurden. Das Heer des Darius gegen die Scythen am schwarzen Meer ging aus Mangel an Verpflegung (513 v. Chr. Geb.) zu Grunde. Der Sold, den die griechischen Söldlinge in persischen Diensten erhielten, betrug vor den Zeiten des jüngeren Cyrus, wie schon gesagt, monatlich etwa 4 Thaler, ward aber von Darius um die Hälfte erhöht.

Die neu entstandene Republik Rom (753 v. Chr. Geb.) bezahlte ihre Krieger 346 Jahre lang nur mit der Ehre.

Erst im Jahre 347 nach Erbauung der Stadt Rom empfingen die Fußgänger einen Sold (Stipendium) nach der Einnahme von Anxur, die

Reiter während der Belagerung von Veji (Liv. IV. 59. und V. 7.). Dieser Sold wuchs und fiel, nach den verschiedenen Verhältnissen, und erhielt seine letzte Steigerung unter dem Kaiser Domitian. Nach der Berechnung eines französischen Gelehrten, auf Grund der Angabe des Polybius, betrug der tägliche Sold eines römischen Soldaten vor Cäsars Zeiten 6 Sols $1\frac{2}{3}$ Deniers *); von Cäsar (58 Jahre v. Chr. Geb.) bis auf Domitian 12 Sols $3\frac{1}{3}$ Deniers, und unter Domitian 16 Sols $4\frac{12}{17}$ Deniers, d. i. circa 5 Sgl.

Auch bei den Römern, wie bei den Griechen, erhielt der Reiter das Dreifache von dem eines Fußgängers, weil er außer seiner Person noch zwei Mann ernähren mußte.

Die Soldaten bezahlten ihren Proviant von ihrem Solde, oder es wurde ihnen das Geld dafür vom Solde abgezogen. Sie mußten ihre Provision selbst, oft auf 14 Tage tragen.

In früheren Zeiten kannten die Römer weder eine Menge Speisen, noch mannichfaltige Arten von künstlichen Zubereitungen derselben. Ja sie hatten (nach Plinius) nicht einmal Brod, sondern aßen Brei (Puls) und Gemüße (Olera).

Ueberhaupt lebten die Römer vorzüglich von Vegetabilien. Die meisten Hülsenfrüchte waren

*) Sol (Sou) = 12 Deniers (Denars) = circa $\frac{1}{2}$ rthl.

ihnen bekannt und dienten zur Nahrung; Rüben aller Art, Rettige ꝛc. standen in großem Ansehen, und vom Kohl, sagt Columella, „daß er von Fürsten und Völkern geliebt werde.

Die Lebensmittel, welche an die Truppen vertheilt wurden, bestanden in Weizen, Essig, Salz und Gerste.

Cäsar sagt: der Krieg müsse den Krieg ernähren, woraus man allgemein den Schluß gezogen, daß er immer auf Kosten des Landes gelebt, welches er durchzog. Da dies nun nicht immer thunlich ist, so wird Cäsar gewiß auch Lebensmittel mit sich geführt und jenen Ausspruch auf die Entschädigung der Kriegeskosten im Ganzen bezogen haben.

Die römischen Soldaten mahlten sich ihr Korn selbst, wozu sie Handmühlen besaßen, die nachgefahren oder auf Lastthieren mitgeführt wurden, bereiteten einen Kuchen daraus und buken ihn in der Asche.

Als die Legionen des Antonius gezwungen waren, aus Mangel an Lastthieren, in dem Kriege gegen die Parther, ihre Handmühlen zurückzulassen, mußten sie, wie Plutarch uns erzählt, viel leiden.

Zwieback kam erst später bei den Römern auf und hieß **Buscellatum.**

Schweinefleisch und Käse wurden, von den animalischen Substanzen, bei der römischen Armee am häufigsten genossen. Die Kastanie (als Baum nämlich) soll zur Zeit der Kriege unter Julius Cäsar, etwa 50 Jahre v. Chr. Geb., aus Kleinasien nach Italien gekommen sein, woraus man schließen dürfte, daß diese Frucht schon mit zum Unterhalte der damaligen römischen Armee benutzt wurde. Die Hirse wurde ebenfalls den Römern erst unter Jul. Cäsar bekannt.

Das gewöhnliche Soldaten-Getränk bei den Römern war Wasser mit Weinessig vermischt, worin sie dem Hannibal nachahmten. Diesem Getränke schreibt der Marschall von Sachsen die Gesundheit der römischen Armee zu. Eine Veränderung des Klima's, sagt er, zog bei den Römern keine Krankheit nach sich; sie verdankten dies dem Gebrauch des Essigs; sobald es ihnen daran mangelte, waren sie denselben Zufällen ausgesetzt, wie unsere Truppen.

Wein kam bei den römischen Heeren erst in Gebrauch, als der Luxus überhand nahm.

Wein und Essig wurde in ledernen Schläuchen den Armeen auf Carris (Carrus-Wagen mit breitern Rädern) nachgefahren. Außerdem befanden sich bei den Armeen viele Lastthiere und Maulesel, die unter andern den Proviant aus den hin und wieder angelegten Magazinen (horreis) nachschleppten, ingleichen Calones und Lixae (s. Guischard Memoires crit. et histor. Tom. I. p. 353 etc.)

Die Ration eines römischen Fußgängers bestand monatlich in 4 Scheffeln (modius) oder 60 ℔ Korn (den Scheffel à 15 ℔), also circa 2 ℔ pro Tag, die eines Reiters in 12 Scheffeln oder 180 ℔, weil derselbe noch 2 Knechte ernähren mußte. Nach Polybius, der gegen das Ende des dritten punischen Krieges schrieb, war dies Weizen.

Publius Cornelius Scipio der ältere erlaubte seinen Soldaten (204 v. Chr. Geb.) weiter keine Küchengeräthe, als einen Kochtopf, einen Spieß und eine Tasse, warin etwa ein halbes Maaß ging, und oft vertrat der Helm ihre Stelle.

Die große, lobenswerthe, kriegerische Einfachheit ging, bevor der Luxus sie verdrängte, so weit, daß der Feldherr Scipio der jüngere Aemilianus, als Mahlzeit ein Stück Brod aus der Hand aß, ohne den Marsch zu unterbrechen (144 v. Chr. Geb.).

In der Periode der Verweichligung der Römer, die mit der Zeit ihren Untergang herbeiführte, reizten sie ihren Appetit mit piquanten Saucen und Speisen, wozu sir Oliven, Sardellen, Senf, ausländische Gewürze, erhitzende Weine u. dgl. mehr gebrauchten.

Der deutsche Soldat lebte sonst gewöhnlich von Grütze, Bier und Brod, — wenigstens der Sage nach.

Nach den älteren römischen Geschichtsschreibern

kannte Germanien vor 2000 Jahren keine anderen Feldfrüchte als Gerste, Hafer; keine anderen Gemüße, als Pastinak, Rettig und Spörgel (?).

Es fehlt uns, sagt v. Raumer in der Geschichte der Hohenstaufen, fast an allen Nachrichten über die Art, wie man Kriegesheere im Mittelalter verpflegte; allein eben dieser Mangel an Berichten, verbunden mit der Kunde von so vielen Unglücksfällen, welche, z. B. während der Kreuzzüge, durch Hunger und Durst entstanden, beweisen, daß es an allgemeinen und genügenden Anstalten fehlte, und der Einzelne, welcher sich in der Regel selbst beköstigen, bekleiden und bewaffnen sollte, oft zu sorglos, oft aber auch ganz außer Stande war für sich allein das Nöthige herbeizuschaffen. In der Regel nahm man, was man vorfand u. s. w.

Sanutus (60) macht ungewisse Angaben darüber, und bringt täglich ein halbes Pfund Brod, eine Portion Wein una wöchentlich dreimal Fleisch zum Ansatz. Außerdem Käse, Bohnen und andere Hülsenfrüchte zu abwechselnder Beköstigung u. s. w. Derselbe berechnet die Kosten der Besoldung und Ernährung eines Heeres von 15,000 Fußgängern und 300 Reitern im Anfange des vierzehnten Jahrhunderts, jährlich auf 600,000 Goldflorenen, den Floren zu zwei schweren venetianischen Schillingen. Die später eingerissene Schwelgerei bei den Rittern war größtentheils Ursach des Unterganges der verschiedenen Ritterorden.

Ueber die Verpflegung der Heere unter den griechischen Kaisern, der großen wandernden Volksmassen, der Barbaren und der zahlreichen kampf- und betlustigen Kreuzfahrer-Haufen, so wie der Armeen Franz I., welche die Alpen überstiegen, hat der Verfasser bis jetzt ein Mehres nicht auffinden können.

Die englischen Soldaten als Hülfstruppen der Holländer in den Niederlanden, im Jahre 1581, bedienten sich des Branntweins als Herzstärkung.

Im Jahre 1600 betrug in Frankreich der Sold eines Infanteristen 6 Sols 8 Deniers, mit dem Werthe von 14 Sols 10 Derniers heutigen Geldes.

Unter Gustav Adolph erhielt der schwedische Soldat Kommisbrod gegen Bezahlung von seinem Solde.

Den Kriegesnachrichten des Marquis de Feuquieres, französischen General-Lieutenants (geb. 1648, † 1711) zufolge, beabsichtigte der Minister de Louvois (geb. 1641, † 1691), während den beiden ersten Monaten eines Feldzuges den Soldaten täglich 4 Loth Reißpulver reichen zu lassen, und in gleicher Art, wenn die Infanterie starke Märsche im Feindes Lande zu machen habe.

Derselbe Minister war Willens, nach dem Beispiele der orientalischen Völker, Fleisch-Pulver an die Truppen austheilen zu lassen. Da nun in den wärmern Ländern des Orients dies Pulver durch die Sonne zubereitet wird, welches in Frankreich auf diese Art nicht zu bewirken war, so hatte Herr v. Louvois große Oefen von Kupfer, die acht Ochsen auf einmal in sich zu fassen im Stande waren, fertigen und Proben darin machen lassen. Allein der Tod hat die Durchführung seines Vorhabens verhindert, welche den Truppen von großem Nutzen, sowohl im Felde, als in den Festungen hätte werden können.

Dies Fleisch-Pulver giebt sehr gute Suppen; 2 Loth davon in Wasser gekocht, sind hinreichend, 4 Mann (Franzosen) zu sättigen, und 1 Pfund Fleisch giebt 2 Loth Pulver.

Unter Ludwig XIV. (so wie später im siebenjährigen Kriege) lebten bedeutende Armeen, welche an oder unweit ihrer Landesgrenze kämpften, regelmäßig von den Magazinen und Bäckereien, welche ihnen folgten. Die Operationen wurden hierdurch ungemein erschwert, weil man sich auf keine größere Entfernung von den Depots einlassen durfte, als im Verhältniß zu den Transportmitteln, der Anzahl Rationen und Portionen, welche sie führen konnten, und der Tagezahl, deren die Wagen oder Schiffe oder Kähne bedurften, um von den Depots zum Lager, zur Stellung, oder zum Kantonnement hin und her zu kommen.

Dieser Umstand hat wahrscheinlich Ludwigs

Minister, von Louvois, auf die vorstehenden Gedanken gebracht.

Montecuculi führt in seinen Memoiren über die Verpflegung seiner Soldaten an: Der Mann habe täglich 1 ℔ Fleisch, 2 ℔ Brod, 1 Maaß Wein oder 2 Maaß Bier, und wöchentlich ½ ℔ Salz erhalten. Beruht diese Angabe nicht auf Druckfehlern, so hat zu jener Zeit eine große Verschwendung bei der Militair-Verpflegung statt gefunden.

Carl XII. führte auf seinen großen Zügen immer eine bedeutende Quantität Zwieback für seine Armee mit.

Aus den Gegenständen, welche der Prinz Eugen in dem Lager der Türken, am 7. August 1716 bei Peterwardein eroberte, lernen wir einigermaaßen die Verpflegungs-Gegenstände der Türken kennen. Es fielen demselben, — nebst 159 Fahnen, 149 Stück Geschütze und 59,000 Zelten, 2000 Kameele, eine ungeheure Anzahl Büffel und ungarische Ochsen, eine große Menge Hammel, 12,000 Säcke Reis, 2500 Fässer Mehl, über 1000 Wagen mit Hafer, 500 Wagen mit Kaffee und Zwieback u. s. w. in die Hände.

Bei den Vorbereitungen der Oesterreicher zu dem Kriege 1717 gegen die Türken, ward, zum Vortheil des Proviantwesens, eine Handmühle erfunden, welche nur 2 Centner wog und doch in

24 Stunden das Mehl zu 1200 Portionen bequem mahlen konnte.

J. A. Kirchner erfand 1796 eine einfache Kornhandmühle.

Der große Friedrich sagt (in den Memoires pour servir a l'histoire de Brandenbourg) im II. Theil:

„Wie viele Hülfsmittel sind nicht nöthig, die ungeheuren Heere unserer Zeit zu ernähren und zu bewegen! Ihre Züge sind wahre Völkerwanderungen, um Länder zu erobern, während ihre, sich täglich erneuernden Bedürfnisse unterwegs eine stete regelmäßige Befriedigung fordern, da sie durch den Hunger ihren mächtigsten Feind an sich selbst haben. Alle Entwürfe des Feldherrn hängen von der Befriedigung dieses einzigen und höchsten Bedürfnisses ab, alle seine großen Pläne zerrinnen in Luft, wenn er nicht vor Allem mit dem Artikel der Lebensmittel aufs Reine gekommen ist."

Derselbe hatte für jede Kompagnie Handmühlen machen lassen, weil man aller Orten Getreide finden dürfte, welches durch die Soldaten gemahlen an das Feld-Commissariat abgeliefert und dagegen gebackenes Brod aus den Magazinen empfangen werden könnte.

Während der Dauer des Freiheits-Krieges der Nordamerikaner bewilligte die dortige Regierung (1778) den Soldaten eine tägliche Brand-wein-Ration.

Interessant bleibt nachfolgendes Schreiben Napoleons an den Major-General (Alexander Berthier, Fürsten von Neufchatel und Wagram) vom 30sten März 1812, in Beziehung der Verpflegung für die gegen Rußland marschirenden Truppen:

„Mein Vetter ꝛc. Es ist nothwendig, daß der Fürst von Eckmühl Magazine in Posen, Plock, Warschau, Pulawi, Marienwerder, Marienburg und Elbing anlegen lasse, daß er übrigens aber seine Bewegungen und Entwürfe Niemanden mittheile u. s. w. Empfehlen Sie ihm, das 14te und 16te Bataillon von hochburgundischen Wagen an sich kommen zu lassen, so wie das 20ste Bataillon Ochsenwagen, die er zu organisiren beauftragt ist. Da die Bataillone von hochburgundischen Wagen 600 Fuhrwerke zählen, so werden beide Bataillone 1200 Wagen ausmachen, die 12,000 Zentner tragen. Da die Ladung eines Ochsenwagens 20 Zentner beträgt, so wird das 20ste Bataillon 4800 Zentner tragen, was im Ganzen 22,000 Zentner Mehl ausmacht oder beinahe 2,000,000 Portionen Lebensmittel, welche die Nahrung von 100,000 Mann während 20 Tage liefert. Ich rechne darauf, daß diese 3 Bataillone am 1sten Mai in Bereitschaft sein werden, und daß der Fürst von Eckmühl aus Elbing, Marienburg, Marienwerder und Thorn mit Lebensmitteln auf 20 Tage auf Wagen und auf 4 Tage im Ranzen wird aufbrechen können. Es ist angemessen, daß die Lebensmittel in Mehl bestehen, weil man immer schnell genug Feldöfen bauen kann, und weil dies die wenigsten Umstände veranlaßt. Bis zum Niemen muß der Fürst von Eckmühl sein Korps vom Lande nähren lassen; denn seine eigenen Lebensmittel sollen erst nach dem Uebergange über den Niemen angegriffen werden."

Im 8. Theil Tit. 30. des preußischen Reglements von 1788 heißt es, in Betreff der Konservation der Soldaten im Felde, wörtlich: Ein jeder Kompagnie-Chef muß die möglichste Sorgfalt hierauf wenden, und aufs strengste darauf halten, daß die Leute so viel als möglich eine gehörige Lebensordnung beobachten, wodurch viele Krankheiten verhütet werden. Nichts trägt zur Konservation des Soldaten so viel bei, als wenn er täglich etwas Warmes genießt. Für Malade müssen die Kapitains die möglichste Sorge tragen, daß sie gut gepflegt werden und nahrhafte Suppen erhalten u. s. w.

Der Herzog v. Rohan giebt in seinem parfait Capitaine einigen Unterricht über Verpflegung. Der Graf v. Rumford, geb. 1752 † 1814, machte sich durch seine Erfindungen in der Kochkunst, wovon mehrere den Soldaten von Nutzen werden können, z. B. die trag- und fahrbaren Küchen, die wohlfeilen Suppen u. s. w. zum Wohlthäter der Menschheit.

Das Werk: Anweisungen zur Anlegung eines Fourage-Magazins von Weinberg und Schrapel enthält nur einige allgemeine Regeln.

Der Staatsrath v. Ribbentrop, General-Intendant der preußischen Armee, hat sich durch seine Sammlung von Vorschriften über diesen Gegenstand ein bleibendes Denkmal gestiftet.

Das Werk über die Verpflegungskunst vom russischen General Cancrin, ehemaligen General-Intendanten der Heere, jetzigen Finanz-Minister, ist höchst empfehlungswerth.

Der General-Hospital-Direktor, Hauptmann von Voß, hat, im Jahre 1816, für die Krieges-Verpflegung einen wichtigen Schritt dadurch gemacht, daß derselbe Speise-Extracte (Stoff-Portionen) zubereitet, die, wenn sie auch nicht vollständig das Ziel erreicht haben, doch die größte Beachtung verdienen.

Der großherzoglich hessische Oberst v. Jossa hat einen aus Fleischtheilen, Mehlstoffen, Kräutern und Gewürzen bestehenden Suppengries erfunden, welcher sich nicht nur als ein sehr wohlschmeckendes und viel Nahrungsstoff enthaltendes, sondern vorzüglich als ein sehr wohlfeiles, leicht transportables Nahrungsmittel erwiesen hat. Das bairische Pfund desselben kostet 8 — 10 Kreuzer, wovon 5 bis 6 Menschen vollkommen gesättigt werden, so daß also auf den Kopf 5 Loth gerechnet werden. Zur Zubereitung werden 9 — 10 ℔. Wasser zu 1 ℔ trockenen Suppengrieses genommen, welches 30 — 40 Minuten am Feuer erhalten und umgerührt werden muß. In Benediktbeuern wird die geeignete Vorkehrung zur Fabrikation im Großen getroffen, und an Behörden, so wie Privaten, nach Verlangen dieser Suppengries bereits abgegeben.

Zur Expedition nach Algier haben die Franzosen eine große Anzahl Bouillon-Tafeln mitgenommen.

Der Großherr hat für die Armee, welche sich in diesem Jahre unter dem Feldmarschall Hussein Pascha in Anatolien sammeln und gegen Ibrahim Pascha kämpfen soll, eine ganz besondere Sorgfalt auf die Verpflegung und das Proviantwesen verwenden lassen, was auch um so nothwendiger erscheint, da diese Armee eine Entfernung von mehr als 300 Meilen zurückzulegen hat, ehe sie auf dem Kriegs-Schauplatze anlangt.

Den ägyptischen Truppen ist von Seiten des Vice-Königs von Aegypten eine sehr bedeutende Quantität Reis, Bohnen und Surabrod, d. i. eine Art Soucharren (1832) nach Syrien mitgegeben worden.

Durch welche Mittel man nun den Unterhalt einer Armee herbeischaffe, und wie man denselben verwalten lasse, darüber ist schon mehr gesprochen und geschrieben worden. Guibert, Duprés d' Aulnay, Morin, Havilland le Mesurier und mehrere andere Schriftsteller sind uneinig, ob es besser sei, den Unterhalt für die Soldaten durch eine Regie oder durch Entrepreneurs besorgen zu lassen.

Neuere Schriftsteller geben verschiedene Meinungen darüber ab, ob es zweckmäßiger sei, diesen Zweig der Heeresverwaltung mit der allgemeinen Organisation der Armee zu verschmelzen oder sie von derselben zu isoliren; jedoch stimmen sie darin überein, daß sie in ein übereinstimmendes System mit dem Heere gebracht werden müsse.

Friedrich, der große, sagt: Nur einem, an Hülfsmitteln unerschöpflichen, von nie ermüdender Thätigkeit belebten Geiste wird es gelingen, an allen Orten und zu jeder Zeit die Bedürfnisse einer Armee, (einer solchen Menge unruhiger, ungeduldiger und unersättlicher Menschen) zu befriedigen.

Tempelhof redet, in seinem 2ten Theile der Geschichte des siebenjährigen Krieges, nur von dem Einfluß der Magazine auf die Operationen einer Armee, und eine große Anzahl von kriegeskünstlerischen Schriftstellern, welche den Gegenstand der Verpflegung berühren, sprechen auch nur von jenem Einflusse, oder geben uns große Berechnungen über die nöthige Portionen-Zahl und die Transportmittel.

Sprechen sie von jenem Einfluß, so hört man allgemein:

„zwischen den Magazinen und den Operationen der Armee herrsche eine solche genaue Verbindung, daß der Plan, den man bei der Anlegung der erstern befolge, gemeiniglich die Richtung der letztern bestimme.“

Handelt es sich um die Stärke des Proviant-Fuhrwesens, d. h. der Transport-Mittel, so läßt sich bald übersehen, was nöthig ist, wenn man weiß:

1) daß die Armee gemeiniglich auf 18 Tage mit Brod versehen, wovon auf 3 Tage den Soldaten ausgegeben, auf 6 Tage dicht hinter der Armee mitgeführt und auf 9 Tage in Mehl, auf 5 bis 6 Meilen Entfernung, nachgefahren wird;

2) daß ein vierspänniger Militair-Brodwagen gewöhnlich 1800 ℔ Brod oder 900 Portionen fährt, und daher hinreicht 100 Mann auf 9 Tage mit Brod zu versehen, oder 5 Fässer Mehl (d i. 2250 ℔) nachzuführen;

3) daß man auf eine vierspännige Fuhre vom Lande gewöhnlich rechnet: 1 Wispel Roggen, oder Weizen, oder Mehl, oder trockne Hülsenfrüchte, oder Kartoffeln, oder 1⅓ Wispel Gerste, oder 1½ Wispel Hafer, oder 1200 ℔ Brod, oder Zwieback, oder

4 Tonnen Pöckelfleisch, oder Salz, oder Flüssigkeiten, à 100 — 120 Quart, oder 10 Centner Heu, oder 1 Schock Stroh, u. s. w.;

4) daß ein Packpferd 300, ein Maulthier 4 — 500 ℔ trägt ꝛc.;

5) daß Magazine für ein gelagertes Korps gewöhnlich auf einen einmonatlichen Bedarf, für Festungen an sich auf einen halbjährigen Bedarf der Besatzung, und außerdem noch zum Unterhalte von Truppen-Korps, die in ihre Nähe kommen, angemessene Vorräthe, welche nach Umständen aus anderen Depot-Orten ersetzt werden können, in Anschlag gebracht werden müssen, u. dgl. m. —

Das sogenannte Requisitions-System war ohne Zweifel zum Theil schon in den frühesten Zeiten im Gebrauch; am häufigsten wurde dasselbe wohl im dreißigjährigen Kriege, und in dem französischen Revolutions-Kriege, wo die Noth keine regelmäßige Magazin-Einrichtung oder Verpflegung gestattete, ganz allgemein angewandt. Jedoch führt das Requisitions-System zu viele und zu große Nachtheile mit sich, so daß man dasselbe nur unter besonders günstigen Umständen und in einer geregelten Form anwenden, sonst aber sich immer auf Magazinen basiren wird, die aus dem feindlichen Lande fournirt werden können, weil es Pflicht des Feldherrn ist, alle im besetzten feindlichen Lande vorhandenen Hülfsmittel zu benutzen. Monticuculi (geb. 1628, † 1680) sagt in dieser Beziehung:

„die rechte Einrichtung entreißt im Kriege dem Glücke die Oberherrschaft und übergiebt sie der Vernunft."

Die eigenen Erfahrungen im Kriege, die Feld-dienst-Uebungen bei Danzig im Herbste 1830, wobei dem Verfasser das Kommando des einen kleinen Korps anvertraut war, die speciellere Einsicht in die Menagen-Wirthschaft des Militairs, so wie die Kocherei der einzelnen Soldaten im Frieden haben demselben das Bedürfniß einer nähern Kenntniß des vorliegenden Gegenstandes als höchst dringend vorgeführt, weshalb dieses Heft zum Wohl der Individuen und zur Beförderung der Operationen bezweckt:

1) dem Soldaten mehr Kenntniß über den ihm nöthigen Unterhalt zu verschaffen;

2) demselben Andeutungen zu geben, seine Speisen ohne größere Mittel, schmack-nahrhafter und geschwinder zu bereiten;

3) ihm Nothbehelfe, in Ermangelung gelieferter Nahrungsmittel, an die Hand zu geben, und selbst verdorbene Nahrungs-Gegenstände genießbar und unschädlich zu machen;

4) Das Volumen und Gewicht der Nahrungsmittel, unbeschadet ihrer Qualität und Quantität an Nahrungsstoffen, zu verkleinern, hiedurch die Transport-Mittel und Aufbewahrungs-Behältnisse

zu verringern, es auch möglich zu machen, daß der Soldat auf mehrere Tage Lebensmittel, als bisher, mit sich führen könne, und dennoch die von ihm zu tragende Last verkleinert werde;

5) die Verpflegungs-Gegenstände länger zu konserviren und sie gegen Keimungstrieb, Fäulniß, Frost, Wurmfraß und die Einflüsse der Wärme- und Nässe zu schützen, mit einem Wort, die Verminderung der Qualität, so wie auch die der Quantität der Nahrungsstoffe zu verhüten.

Frühere Erfahrungen, angestellte Betrachtungen und neuere Versuche, wie die nachfolgend aufgeführten, können zu einer zweckmäßigern Verpflegung und bessern Erhaltung der Soldaten führen, so bald es klar wird, daß die angeführten Thatsachen und die Richtigkeit der Ansichten, worauf sie beruhen, ganz außer Zweifel stehen. Dieser Vollkommenheit sind die nachstehenden nur erst etwas näher getreten, keineswegs aber haben sie dieselben ganz erreicht; indeß lernt man gehen durch fallen, und die minderglücklichen Versuche ebnen oft den glücklichern den Weg.

Der Verfasser,
dessen selbstgemachte Versuche oder angestellte Prüfungen mit N. p. bezeichnet sein werden.

§. 1.

Die Beurtheilung und Feststellung von Verhältnissen, welche Größen ausdrücken, erfordern eine genaue Kenntniß der Maaße und Gewichte, und um das Verständniß der vorkommenden Angaben zu erleichtern, wird hier alles in den nachfolgenden, durch das Edikt vom 16. Mai 1816 in preußischen Staaten bestimmten, Maaß- und Gewichts-Verhältnissen, und wo diese nicht ausreichen, in den gebräuchlichsten Maaßen ausgedrückt werden.

A. Längenmaaß.

Eine Ruthe, in Betreff der Unterabtheilung, duodecimal = 12 Fuß zu $139\frac{13}{100}$ Linien des pariser Fußes; decimal = 10 Fuß jeder zu 10 Zoll und jeder Zoll zu 10 Linien.

75 rheinische machen 76 preußische Fuß; der rheinische Fuß (fast durchgängig angenommen) = $139\frac{1}{8}$ französische Linien.

Das Grundmaaß für die preußischen Staaten ist der preußische Fuß, welcher in 12 Zolle und dieser Zoll in 12 Linien eingetheilt wird. Zwölf dieser Fuße machen eine preußische Ruthe, 2000 solcher Ruthen die Länge einer preußischen Meile.

B. Flächenmaaß.

Ein preußischer Morgen, der ehemalige kleine (als das schon früher allgemein angenommene Feldmaaß) hat 180 preußische □ Ruthen, à 144 □ Zoll; der größere Morgen wird zu 400

□ Ruthen oder 53771 französische □ Fuß gerechnet.

Die große Hufe Land hat 30 große und $66\frac{2}{3}$ kleine Morgen.

Nach dem Decimalmaaß ist die Berechnung leichter; die Ruthe hat dann 10 Fuß geometrisch Maaß, welche gleich sind: 12 Fuß rheinl.; 100 geometr. □ Fuß sind also = 144 □ Fuß rheinländischen.

C. Scheffelmaaß.

Der preußische Scheffel soll, bei einer Weite von 22 Zoll und einer Höhe von 8 Zoll $\frac{39}{40}$ Linie, 3072 preußische Kubik-Zoll enthalten; demnach 9 preußische Scheffel = 16 preußische Kubikfuß; $\frac{1}{16}$ von einem solchen Scheffel, oder 192 Kubikzoll, heißt eine Metze, und 24 dergleichen Scheffel, ein Wispel; 9 Metzen sind = 1 Kubikfuß, — wonach der Inhalt des auf Böden aufgeschütteten Getreides leicht berechnet werden kann. —

Der berliner Scheffel enthielt sonst 3060 Kubikzoll rheinländisch Maaß, die Metze demnach $191\frac{1}{4}$ Kubikzoll.

Der Inhalt eines solchen Gefäßes wird ausgemittelt, wenn der Durchmesser desselben mit sich selbst, das dadurch erhaltene Quadrat mit der Höhe des Gefäßes multiplicirt, das Produkt mit 4 dividirt und der Quotient mit dem Verhältniß des Durchmessers zur Peripherie, d. h. mit 3,14 multiplicirt wird.

Beim Salzmaaß wird die Last von 60 preuß. Scheffeln zu 8 Tonnen, à 405 ℔ netto, 1 Scheffel zu 54 Pfund gerechnet, d. i. die Last à 3240 ℔. Von dem sogenannten schwarzen Salze, auf den preußischen Salinen Königsborn und Neusalzwerk, werden 4000 Pfund auf eine Last gerechnet.

Beim Kohlenmaaß machen 4 preußische Scheffel oder 12288 Kubikzoll eine Tonne; 9 Tonnen sind 64 Kubikfuß.

D. Quart-Maaß.

1) Das preußische Quart soll 3½ Zoll weit, 6652 Zoll hoch sein und 64 Kubikzoll enthalten, wonach 3 Quart gleich sind 1 Metze, und 27 Quart = 1 Kubikfuß.

Sonst enthielt die berliner Metze 3⅛ Quart, mithin der Scheffel 50 Quart;

2) ein Orthoft = 180 preußische Quart = 11520 Kubikzoll oder 3 Eimer;

3) ein Ohm = 120 preußische Quart = 7680 Kubikzoll oder 2 Eimer;

4) ein Eimer = 60 preußische Quart = 3840 Kubikzoll;

5) ein Anker = 30 preußische Quart = 1920 Kubikzoll oder ½ Eimer;

6) eine Biertonne = 100 preußische Quart = 6400 Kubikzoll.

Beim Bier soll 1 Gebräude 9 Küpen, oder 18 Faß, 36 Tonnen, 144 Oehmchen, 3456 Quart enthalten.

Beim Weinmaaß rechnet man 1 Fuder zu 4 Orthoft, 6 Ohm, 12 Eimer, 24 Anker, 788 Quart à 2 Nösel, das Quart zu 58 französische Kubikzoll.

Der Handel mit Häringen im Großen geschieht nach Lasten; eine Seelast enthält 18 Tonnen, eine gewöhnliche Last 12 Tonnen. Werden Tonnen versandt, so müssen sie die richtige

Signatur auf Thara und Netto erhalten, so wie mit den gebräuchlichen Zeichen ihres Inhalts versehen sein.

E. Gewichte.

1) Das preußische Pfund = 467,71131 Grammen,

2) der preußische Centner = 110 Pfund (preuß.) Der Centner hat 5 schwere Steine à 22 ℔, oder 10 leichte à 11 ℔, also 110 ℔. Das ℔ hat 2 Mark, 16 Unzen, 32 Loth, 128 Quentchen, 512 Pfennige.

Bei dem früher und auch noch jetzt gebräuchlichen, etwas schwereren Fleischergewichte sind 10 ℔ gleich 11 ℔ Krämergewicht. Die preußische Schiffslast enthält 4000 ℔.

Beim Handelsgewicht im Allgemeinen hat 1 Last 12 Schiffs-Pfund (à 20 Liespfund, à 14 ℔) oder 3360 ℔.

Eine Last Stockfisch in Schiffsfracht beträgt in Bergen 2520 ℔ oder 70 Wag, jede von 36 ℔. (In Lübeck besteht eine Stolle Stockfisch aus 180 Stück.)

Das Gewicht eines preußischen Kubikfußes destillirten Wassers, im luftleeren Raume, bei einer Temperatur von 15 Grad des Reaumürschen Quecksilber-Thermometers, wird in 66 gleiche Theile getheilt. Ein solcher Theil ist ein preuß. Pfund.

½ ℔ (preuß.) ist gleich einer köllnischen Mark, und ist zugleich das Gewicht einer preuß. Mark.

F. Maaß für Brennmaterialien.

In Hinsicht der Klobenaufstellung ist eine Klafter gewöhnlich 6 Fuß hoch und eben so lang, und 3 Fuß (die Klobenlänge) tief. Etwa 120 bis 144 dergleichen Kloben gehen auf eine preußische Klafter von 108 rheinländischen Kubikfuß (Würfelfuß.)

Jeder Klobe wird durch 2 Schritt in 3 gleiche Klötze getheilt, und jeder Klotz durchschnittsweise in 6 Stück gespalten, so daß die Klobe 18 und die Klafter etwa 2160 Stück giebt. Die tägliche einfache Feuerungs-Portion beträgt bei der preußischen Armee $14\frac{7}{10}$ dergleichen Stücke weichen Holzes.

Der Haufen Brennholz wird angenommen zu $4\frac{1}{2}$ Klafter, 9 Fuß hoch und 18 Fuß lang; das Achtel Holz enthält $3\frac{1}{3}$ Klafter.

Das Holz der Traubeneiche und Stieleiche ist im grünen Zustande specifisch schwerer als Wasser; im trockenen Zustande ist das Holz der Weißbuche das schwerste, (50 ℔ 25 Loth der rheinländische Kubikfuß); dann folgt Eiche, Ahorn, Quitsche, Esche, Birke, Rothbuche, Ulme, Kiefer, Weißtanne, Roßkastanie, Saalweide, weiße Weide, Rothtanne, Lerche, Erle, Espe, Linde, italienische Pappel, Schwarzpappel, (24 ℔ 4 Loth der rheinländische Kubikfuß); am leichtesten ist Pantoffelholz, welches nur eine specifische Schwere von 0,240 hat. Das Holz des Lerchenbaums, (**Pinus laria**) dauert im Wasser und in der Erde länger, als in freier Luft, und die Balken davon tragen, wie behauptet wird, zehnmal schwerere Last, als die eichenen Balken. (?)

Das Verhältniß des Brennwerths der Hölzer, als Feuerungs-Material, gestaltet sich, nach den bewährtesten Angaben, wie folgt:

Buchen, Hainbuchen und Ahorn .	=	1,50
Ulme (Rüster)	=	0,90

Birke	= 0,85
Eiche	= 0,84
Kiefernbaumholz . . .	= 0,83
Vogelkirsche	= 0,79
Lerche	= 0,76
Fichte	= 0,73
Saalweide	= 0,69
Weißtanne	= 0,69
Linde	= 0,68
Aspe	= 0,61
Erle	= 0,52
Weide und Pappel . . .	= 0,50

Eine Klafter Hartholz im Allgemeinen ist in der Wirkung = 1½ Klafter weichem, und 1 Klafter weiches ist ⅔ Klafter hartem Holze gleich, oder 1 Klobe Weichholz = ⅔ Klobe Hartholz.

Weißbüchen, wenn es ganz trocken ist, verliert ungemein an seiner Feuerungs-Kraft; halb trocken brennt es recht gut, und im grünen Zustande ist es ebenfalls zum Brennen zu bringen.

Ahorn entwickelt die meiste Hitze, und mit Hinzurechnung der Kohlengluth etwa 3 mal so viel als Pappelholz; von der Esche glüht die Kohle am längsten, von der Hainbuche dreimal so lange als von der Weißtanne; die Kiefer bringt am schnellsten eine starke Hitze hervor, erzeugt aber, wie alle Nadelhölzer, nur wenig Kohlengluth. Eine Klafter weiches Holz ist gleich 8 gehäuften Scheffeln Steinkohlen oder 6⅔ Bergscheffeln.

Bei schlesischen Steinkohlen beträgt der Haufen 28 preußische Scheffel; bei Torf 6 große, oder 240 kleine Maaßkörbe.

Hierbei ist zu bemerken, daß die klaren Steinkohlen nichts taugen, und überhaupt nur diejenige Art für die Truppen brauchbar ist, welche zusammenbäckt, denn diese verbrennt bis auf die Asche und fällt nicht durch den Rost.

Eine Klafter Torf von 108 Kubikfuß, enthält 77 Körbe oder Küpen à 60 Soden, und **11** Soden Torf machen einen Kubikfuß. Zwölf Stück Torf sind ungefähr gleich einer Klobe Weichholz.

Braunkohlen (aus vegetabilischen und mineralischen Substanzen bestehend) werden wie Steinkohlen gemessen.

Holzkohlen verkauft man nach der Tonne von 3 gehäuften preußischen Scheffeln.

In Sommerzeiten wird gewöhnlich zu den Lagern und Bivouacs verabreicht:

a. an Lagerstroh:

für einen Kapitain	80 ℔	auf 5 Tage.
„ „ Lieutenant	20 „	
„ „ Gemeinen oder Unteroffizier	10 „	

Zwanzig Pfund Stroh machen ein Gebund und 60 Gebunde oder 1200 ℔ ein Schock.

b. Kochholz.

auf 600 Mann Unteroffiziere und Gemeine täglich $\frac{42}{12}$ oder $3\frac{1}{2}$ Klafter Weichholz,

auf 500 Mann täglich $\frac{35}{12}$ Klftr.
„ 400 „ „ $\frac{28}{12}$ oder $2\frac{1}{3}$ Klftr.
„ 300 „ „ $\frac{21}{12}$ Klftr.
„ 200 „ „ $\frac{14}{12}$ oder $1\frac{1}{6}$ Klftr.
„ 100 „ „ $\frac{7}{12}$ oder 63 Kubikfuß Weichholz. Die Klafter 108 Kubikfuß oder circa 130 Kloben.

Nach Bedürfniß wird auch eine größere Quantität geliefert.

Sind nur Holzkohlen zu haben, so kann man auch

recht gut mit Kohlenstaub oder zerstoßenen Kohlen, durch einen Schwefelfaden angezündet, kochen.

In Ermangelung von Holz pflegt man auch in glühender Asche von Stroh oder Stoppel zu kochen, wobei die Töpfe mit Deckeln, die nur ein kleines Loch haben, bedeckt und selbige darauf festgeklebt, oder auf eine andere Weise befestiget werden. N. p.

§. 2.

Den Haushalt vernünftig einrichten zu können, ist erforderlich, zu wissen, was für denselben ausgesetzt wird. Die Basis hierbei muß, wie bei allen dergleichen Einrichtungen, der geringste Satz sein, und dieser ist im Militair der des Einkommens eines gemeinen Soldaten der Infanterie, ohne andere Zulagen, als die zu seinem nothwendigen Unterhalte.

In den meisten Armeen, mit nur unbeträchtlicher Verschiedenheit, erhält der gemeine Soldat in der Garnison im Frieden 6 ℔ Brod auf 5 Tage (mit 6 ₰ täglich veranschlagt) 2 ₰ Sold, und bei theuerer Zeit 12½ bis 15 Sgl. Victualien-Zulage monatlich; auf dem Marsche in Friedenszeiten, wenn derselbe weder Brod noch irgend Natural-Verpflegung oder Beköstigung vom Wirthe bekömmt, stehen ihm täglich zu:

für Brod . . . . . (wenn gleich die Natural-Brod-Verpflegung dem Staate pro Mann und Tag nur 10 gl. kostet)	1	3 Sgl. ₰
als Victualien-Zulage . .	—	5
Tractament	2	—
Marschzuschuß	2	6
Sa.	6 Sgl.	2 ₰

wovon der Wirth mit 5 Sgl. täglich bezahlt wird, wenn er den Soldaten die ganze Beköstigung giebt, so daß letzterer nur 1 Sgl. 2 ₰ täglich für sich behält, dagegen im Felde:

monatlich	2 ℛ	— Sgl.	— ₰	Sold
„	— „	15 „	— „	Victualienzulage
Sa.	2 ℛ	15 Sgl.	— ₰	

und täglich 2 ℔ Brod oder 1 ℔ Zwieback (mit 1 Pfennig $\frac{1}{5}$ ℔ Brod oder $\frac{1}{10}$ ℔ Zwieback veranschlagt), außerdem noch 2 Sgl. 6 ₰ täglich, wenn er keine Natural-Verpflegung vom Staate, oder Beköstigung vom Wirthe erhält, oder derselbe bekommt Natural-Verpflegung d. h.

an Fleisch

täglich $\frac{1}{2}$ ℔ frischen Fleisches oder $\frac{1}{2}$ ℔ gesalzenen (d. h. gepökelten) Fleisches, oder $\frac{1}{4}$ ℔ Speck, oder Geschlinge 24 Loth, oder geräuchertes Rind- und Hammelfleisch 12 Loth, oder Blut- und gemeine Wurst $\frac{1}{2}$ ℔, oder Schmeer- oder Fleischwurst $\frac{1}{2}$ ℔, oder Stockfisch 12 Loth; — (als gewöhnliche Kasernen-Portion $\frac{1}{4}$ ℔ Fleisch) —

an Gemüße

täglich: 6—7 Loth Reiß, oder 8 Loth Graupe, oder 8 Loth Hafer- oder Buchweizen-Grütze (Haidegrütze), oder 8 Loth Gerstengrütze, oder 16 Loth Erbsen oder Bohnen oder Linsen, oder 16 Loth Speisemehl, oder 2 bis 3 ℔ = $\frac{1}{3}$ bis $\frac{1}{2}$ Metze Kartoffeln, (als gewöhnliche Kasernen-Portion) auch wohl, in sofern es zu bekommen ist: 10 Loth Backobst (d. h. getrocknetes), oder 20 Loth Sauerkraut (Kapusta), wovon 1 Quart gleich ist 2 ℔, oder 2 ℔ 16 Loth = $\frac{1}{2}$ Metze Rüben, d. h. Mohrüben (gelbe), weiße Rüben, Pastinack, Kohlrüben, Kohlrabie, Knollen, oder $\frac{2}{3}$ Metze Teltauer Rüben, oder $3\frac{1}{2}$ ℔ Weißkohl oder Grünkohl, oder 7—8 Loth Hirse, oder $\frac{1}{8}$ Metze Kastanien, oder 16 Loth graue Erbsen, oder 12 Loth Nudeln oder Macaroni, oder $\frac{1}{3}$ Metze reifes Obst.

An Gewürze

täglich 2 Loth Salz, auch wohl unter Umständen wöchentlich 1 Loth Pfeffer, und täglich eine Zwiebel.

An Getränke

täglich $\frac{1}{16}$ Quart Branntwein, (als gewöhnliche Kasernen-Portion jedoch nur $\frac{1}{20}$ Quart) oder $\frac{3}{4}$ Quart Bier, oder $\frac{1}{4}$ bis $\frac{1}{2}$ Quart Wein, auch wohl, unter Umständen, wöchentlich $\frac{1}{10}$ Quart Weinessig, oder $\frac{1}{5}$ Quart Bieressig. Erhält der Soldat diese Natural-Verpflegung (welche die ganze Natural-Verpflegung genannt wird) aus den Magazinen oder vom Wirthe, so stehen ihm nur noch zu: täglich eine Portion Brod à 2 ℔ oder 1 ℔ Zwieback und monatlich 20 Sgl. von seinem Solde.

Erhält derselbe diese Natural-Verpflegung nur theilweise, z. B. wöchentlich 2 ℔ Fleisch und 3 Portionen Gemüße, so wird ihm auch nur ein verhältnißmäßiger Abzug von den ihm zustehenden baaren Geldern gemacht.

Tritt einmal der Fall ein, daß dem Soldat gar kein Sold gezahlt werden kann, so erhält derselbe volle Natural-Verpflegung und alle 5 Tage $\frac{1}{2}$ ℔ Rauchtabak (oder täglich $3\frac{1}{5}$ Loth) wobei die Ansprüche auf vorgedachte 20 Sgl. monatlich, welche später (in bessern Zeiten) nachgezahlt werden, nicht verloren gehen.

Sollten ungünstige Verhältnisse es einmal mit sich bringen, daß er weder Sold noch Natural-Verpflegung erhalten könnte, so muß er als ehrliebender und standhafter Soldat, auch dies ohne Murren, muthig ertragen und abwarten, in wie weit es ihm vom Vorgesetzten gestattet wird, zu requiriren oder zu nehmen, wo er Lebensmittel findet.

Die Quantität der zu genießenden Speisen muß der Lebensart des Individuums, seinem Aufwande an Kräften und dem davon abhängigen Bedürfniß einer größeren oder geringeren Restauration entsprechen. Im Winter ist das Bedürfniß nach fester Nahrung größer, als nach flüssiger, im Sommer findet der umgekehrte Fall statt.

Aus diesen Gründen wird auch unter Umständen, und im Kriege gewöhnlich, eine Erhöhung der täglichen Portion gegeben z. B. Reis um 2 Loth, Hirse um 2 Loth, Grütze oder Graupe $2\frac{2}{3}$ Loth; Linsen, Erbsen, Bohnen um $5\frac{1}{3}$ Loth; dies macht auf eine Feldportion: $\frac{1}{4}$ ℔ Reis oder Hirse, $\frac{1}{8}$ ℔ Graupe oder Grütze, $\frac{2}{3}$ ℔ Hülsenfrüchte. Kartoffeln um $\frac{2}{12}$ bis $\frac{4}{12}$ Metze, nämlich: $\frac{4}{12}$ bis $\frac{6}{12}$ oder $\frac{1}{3}$ bis $\frac{1}{2}$ Metze gewöhnlich, und außergewöhnlich $\frac{8}{12}$ oder $\frac{2}{3}$ Metze; Branntwein um $\frac{3}{80}$ Quart, nämlich $\frac{5}{80}$ oder $\frac{1}{16}$ gewöhnlich, und $\frac{8}{80}$ oder $\frac{1}{10}$ Quart außergewöhnlich.

In besondern Fällen wird auch wohl verabreicht: täglich 3 Loth Butter oder Schmalz, oder 3 Loth frischen Talgs, oder 2 Loth Oel zum Abmachen der Speisen, auch wohl täglich 1 Häring, wovon im Durchschnitt 1000 Stück auf eine Tonne gerechnet werden.

Bei den Franzosen sind im Allgemeinen die Speise-Portionen kleiner, dagegen die Getränke-Portionen größer, als bei den Preußen.

Auf dem Marsch erhält der Soldat gewöhnlich einen Vorrath von Brod auf 3 Tage d. h.

4 ℔ Brod und 1 ℔ Zwieback, oder 2 ℔ Brod und 2 ℔ Zwieback, (bei den Franzosen gewöhnlich auf 4 Tage Brod, d. h. 3 ℔ Brod und 1½ ℔ Zwieback, oder 4½ ℔ Brod und ¾ ℔ Zwieback) und für den Nothfall 1 ℔ Reis, oder 1 ℔ Hirse, oder 1 ℔ Graupe ꝛc. selbst zu tragen; auch gewöhnlich gleich auf 5 Tage Salz.

Hierbei bleibt zu bemerken, wie es ganz unzulässig ist, Unteroffizieren, oder deren Frauen, das Marketendiren zu erlauben, indem ein solches Geschäft mit der nothwendig zu erhaltenden Autorität des Unteroffiziers in Widerspruch tritt.

§. 3.

Eine Kenntniß von dem Gewichtsverhältnisse der Nahrungsgegenstände des Soldaten wird nothwendig, um den Bedarf im Ganzen überschlagen, die Transportmittel danach berechnen und eine richtige Portions-Vertheilung bewerkstelligen zu können.

Die Kenntniß von den Stoff-Verhältnissen der Nahrungsmittel führt uns zu einem richtigern Gebrauch derselben.

Fleisch.

Ein 4 bis 5jähriger Stier wird im Durchschnitt angenommen zu 450 bis 500 ℔, eine Kuh zu 300 ℔, ein Kalb zu 40 ℔, ein Schwein zu 110 ℔, ein Hammel zu 30 bis 35 ℔. Von dem, den Soldaten lebendig gelieferten Viehe wird gewöhnlich die Haut entweder in Natura oder in Gelde an die dazu Beauftragten zurück gegeben.

Nach den geprüften Erfahrungen von Pabst, wiegt die Haut bei einem Ochsen auf je 100 ℔ Fleisch 9 bis 18 ℔; bei kleinern und nicht sehr fetten Thieren in der Regel das Mehrere, bei großen und gemästeten das Geringere. Bei gut gemästeten Ochsen, welche 6 bis 8 Centner Fleisch geben, wiegt der Talg gewöhnlich zwischen 75 und 100 ℔. Ein fettes Kalb gewährt, nach dem Schlachten, auf 100 ℔ lebendiges Gewicht 60—70 ℔ Fleisch (einschließlich des Kopfs) und 10 bis 12 ℔ Haut. Eine schon ziemlich bejahrte Kuh, welche nach dem Schlachten 445 ℔ wog, enthielt nach ihren einzelnen Theilen:

300 ℔ Fleisch,
10 = Inhalt,
75 = Eingeweide,
20 = Blut und
40 = Haut.

Das Verhältniß der Knochen gestaltet sich ungefähr so: bei einem mäßig fetten Stück Rindvieh, das 500 bis 700 ℔ schwer ist, $\frac{1}{8}$ Knochen des Gesammtgewichts, bei einem dergleichen, das 1300 bis 1500 ℔ wiegt, $\frac{1}{12}$ Knochen u. s. w. Bei einem fetten Ochsen verhält sich das Gewicht des Fleisches zu dem der Abfälle, wie 11 bis 12 zu 20. Ein solcher Ochse würde daher, nach Thaer, im magern Zustande 750 Pfund, im fetten aber 825 bis 909 ℔ Schlachtgewicht haben.

Das Schweinefleisch ist das beliebteste Nahrungsmittel der untern Volks-Klasse, insofern der Genuß desselben nicht durch ihre Religion untersagt ist.

Pferdefleisch ist nicht so schlecht, als das Vorurtheil es uns glauben läßt; es ist der Tartaren beste Nahrung, und sie befinden sich wohl dabei. Ein Milchfohlen schmeckt vortrefflich, und das Zeugungs-Glied eines Hengstes ist für genanntes Volk ein großer Leckerbissen. Uebrigens ist das Pferd das reinlichste Thier, welches zugleich die reinlichste Nahrung zu sich nimmt, und in dieser Beziehung dürfte sein Fleisch, welches dem Kalbfleische am ähnlichsten schmeckt, wohl am wenigsten unter allen Thieren einen Widerwillen erwecken. N. p.

Unsere Vorfahren aßen das Pferdefleisch; viele nordische Volksstämme hatten sogar beinahe keine andere animalische Nahrung, als dasselbe; der Papst Gregor **III.** untersagte den Genuß des Pferdefleisches; in Dänemark erlaubte man (unter den christlichen Staaten) zuerst wieder Pferdefleisch öffentlich zu verkaufen; auch in Neapel geschah bisher der Verkauf desselben öffentlich; während der letzten Kriegesjahre, besonders während des russischen Feldzuges 1812, ist häufig Gebrauch von dem Pferdefleische gemacht worden u. s. w. Der französische Oberarzt Larrey hält es für sehr gesund, schmack- und nahrhaft, weil es viel Gallert-Extrakt (Osmazome) enthält, nur sei es mehr oder weniger faserig, nach der Magerkeit oder dem Alter des Thieres.

Die Römer schätzten das Fleisch der Esel aus Nord- und Westafrika sehr.

Talg wird nach Stein gerechnet. Von 100 ℔ rohen Talgs werden 83⅓ ℔ ausgeschmolzenes gewonnen, so daß sich das Verhältniß des rohen zum ausgeschmolzenen Talg wie 6 zu 5 stellt.

Beim Oele wird gewöhnlich das Quart zu 2 ℔ gerechnet, jedoch ist das specifische Gewicht der Oelsorten verschieden; so hat z. B. das Olivenöl ein specifisches Gewicht von . . 0,9176.
das Pflaumenkernöl . . . . 0,9127.
das Ricinusöl . . . . 0,9611.
(d. i. von den Saamenkörnern des Wunderbaums)
Das Olivenöl ist circa $\frac{1}{13}$ leichter als Regenwas-

ser, Pflaumenkernöl das leichteste und Ricinusöl das schwerste.

Von dem, in Tonnen gelieferten, gesalzenen Fleische, wird gewöhnlich, wegen der Pökelsauce, ein Uebergewicht von 15 Procent, excl. Faß, gut gethan.

Bei allen Fleischlieferungen wird gewöhnlich nach dem Schlächtergewicht abgewogen, und daher $\frac{1}{2}$ ℔ Fleisch mit $17\frac{1}{2}$ Loth, $\frac{1}{4}$ ℔ Speck mit $8\frac{3}{4}$ Loth gut gethan. 100 ℔ Fleisch enthalten 35 ℔ Nahrungsstoffe, nach dem Berichte der Herrn Percy und Vauquelin.

Unter allen Fleischarten ist das Fleisch der Säugethiere das nährendste und reizendste; — es ist indessen hierbei sehr zu unterscheiden, ob es von wilden oder zahmen Thieren stammt. Das Fleisch der wilden Säugethiere, ausgezeichnet durch eine röthere Farbe, einen schärferen Geruch, größere Festigkeit der Fasern, ist bei weitem reizender und nährender, als das der zahmen. Am zartesten und leichtesten ist das der Hasen und Rehe, schwerer das der Hirsche, am schwersten das der wilden Schweine. Das Fleisch junger Kaninchen soll nicht schwer, desto schwerer das der Gemsen, Renn- und Elenthiere sein; von letzteren werden die Kälber als eine Delicatesse betrachtet.

Die Hauptbestandtheile, von welchen vorzugsweise die nährende Kraft der Nahrungsmittel abhängt, sind folgende: Eyweißstoff, Gallerte, Kraftmehl, Kleber, Zuckerstoff und Schleim. Die nahrhaftesten von ihnen sind Eyweißstoff, Gallerte und Kraftmehl; weniger nahrhaft, und also auch weniger reizend, sind Zuckerstoff und Schleim.

Benennung der Früchte.	Der preußische Scheffel wiegt in preußischen Pfunden:	Von 10[0] geben N[ah]rungs-S[toff]
Weizen	92	77,4
Roggen	80	70,
große Gerste	(68)	
	62	59,3
kleine Gerste	(56)	
Hafer	48	58,4
Reiß	85(?)	
Erbsen	100	75,5
Linsen	100	74,0
Pferdebohnen	103	73,0
Saubohnen	100	68,5
Schwinkbohnen (Phaseolen)	100(?)	85,0
Kartoffeln	100	25,0
Mohr= oder gelbe Rüben	92	19,5
Wasserrüben	90	9,0
schwedische Turnigs (Rotabage) oder englische Rüben	92(?)	12,0
Kohlrübe	ein Schock etwa 120	
Pastinack		
Hirse	95	
Mais oder türkischer Weizen	86(?)	95,00 n[...] B. Pet[...]
Kastanien oder Maronen		
Weißkohl		80

…mnach …hält der …cheffel …rungs-Stoff:	Von 100 ℔ haben dieselben im Durchschnitt Wassertheile:	Bemerkungen.
72 ℔	9,60	größtentheils nach Einhofs chemischen Untersuchungen.
56 =	10,20	
(39) =	10,00 bis	nach Crome.
36 =	11,20	
(32) =		
	7,90 nach Anderen	
28 =	12,00 (?)	
	5,00 bis 7,00	
75$\frac{1}{2}$ =	12,50	
74 =	14,06	
75$\frac{2}{5}$ =	23,00	
68$\frac{1}{2}$ =	24,30 (?)	
85 =	25,00	
25 =	75,00	nach Kroete 30—32, 2 Procent trockne Substanz.
	80,00	
	79,00	
	85,50	nach Einhof.
	79,00	nach Andern.
	79,00	nach Hermbstädt.
	79,45	nach Crome.
	9,50 (?)	
	28,60 frisch	(nach Bürger.)
	13,00 nach	10 Monaten in der Luft.
		100 ℔ geben 40 ℔ Stärkegehalt.

Früchte.

Das Gewicht der verschiedenen Fruchtarten ist schwankend, z. B. der preußische Scheffel Weizen zwischen 82 bis 96 preußische Pfund, der Scheffel Roggen zwischen 76 bis 86 ℔, der Scheffel große Gerste zwischen 65 bis 80 ℔, der Scheffel kleine Gerste zwischen 55 bis 70 ℔, der Scheffel Hafer zwischen 42 bis 56 ℔, und zum Theil auch in ähnlicher Art die übrigen Früchte, weßhalb in der nachfolgenden Zusammenstellung eine Mittelzahl angenommen worden ist.

Demnach vergleichen sich gegeneinander,

bei den Körnern:

—	Scheffel	13	Metzen	Weizen,
1	"	—	"	Roggen,
1	"	3	"	beste große Gerste,
1	"	5	"	geringe " "
1	"	8	"	kleine 4zeilige "
1	"	12	"	Hafer,

so daß man gewöhnlich 13 Metzen Gerste = einem Scheffel Hafer und 9 Metzen Roggen = einem Scheffel Hafer an Nahrungsstoff gerechnet.

Bei den Gemüßen:

sind 20 ℔ Kartoffeln =
35 " Rotabage =
52 " Wasserrüben =
27 " Möhren =
60 " Weißkohl.

Außerdem wiegt noch:

der Scheffel grüne Bruchbohnen 48 ℔,
" " " Schotenerbsen,
a. in den Hülsen 48 ℔,
b. als Korn . 16 ℔,
getrocknete grüne Erbsen 96½ ℔
das Schock Kohlrabi (im Durchschnitt) 90 ℔

das Schock Kohl (Savoyer) 60 ℔.

Das magazinmäßige Normalgewicht ist bei den verschiedenen Armeen nicht ganz gleich, doch bei den meisten etwa:

der Scheffel Weizen nicht unter 85½ preußische ℔,
= = Roggen = = 80½ = =
= = Gerste = = 55½ = =
= = Hafer = = 45½ = =
= = Erbsen oder andere Hülsenfrüchte nicht unter 90 preußische Pfund
= = Gerste nicht unter 90 preußische ℔,
= = Gerstengrütze = 60 = =
= = Hafergrütze = 70 = =
= = Haide oder Buchweizengrütze = 60 = =
= = getrocknete Pflaumen 70 = =
= = Weizengries = 70 = =
= = Buchweizengries 70 = =
= gehäufte Scheffel Mehl = 75 = =
ein Faß Mehl = . . . 450 ℔ netto
der Scheffel Kleie . . . 40 ℔

Von dem Gewichte des Getreides rc. kann man sich leicht mittelst einer Kornwage in verjüngtem Maaßstabe überzeugen.

Nach der vergleichenden Uebersicht des Gehalts an Nahrungsstoffen in verschiedenen Nahrungsmitteln, welche die Herrn Percy und Vauquelin dem Minister des Innern im Mai 1827 übergeben, enthalten: 100 ℔ Brod 80 ℔ Nahrungsstoff
= = = Bohnen 92 = =
= = = Saubohnen 89 ℔ =
= = = Erbsen 93 = =
= = = Linsen 94 = =
= = = Gemüße und weiße Rüben 8 = =

= = gelbe Rüben 14 = =
= = = Kartoffeln 25 = =

1 Pfund gutes Brod nährt demnach besser, als 2½ — 3 ℔ Kartoffeln, und 75 ℔ Brod und 30 ℔ Fleisch kommen gerade 3 Centner Kartoffeln gleich; oder ¾ ℔ Brod und 10 Loth Fleisch nähren so gut, als 3 ℔ Kartoffeln. Dafür nährt 1 ℔ Kartoffeln so viel als 4 ℔ Kohl und 3 ℔ weiße Rüben; aber 1 ℔ Reis, Sau= oder weiße Bohnen nähren so viel als 3 ℔ Kartoffeln, (auch Erdäpfel genannt) *)

Von den sogenannten Mehlfrüchten giebt Reis die meiste Kraft, und ist im Orient eine Hauptnahrung. —

§. 4.

Gewürze.

Das Salz, welches der Mensch zur Würze seiner Speisen gebrauchen kann, wird gewonnen:

a. aus Vegetabilien, welches fast ausschließlich nur von Chemikern benutzt wird;

b. aus dem Reiche der Mineralien, das sogenannte Steinsalz, bergmännisch aus Gruben z. B. zu Wielicka, in der Gegend von Krakau, wo es bereits seit dem 13. Jahrhundert zu Tage gefördert wird und immer noch unerschöpfliche Ausbeute liefert, denn jährlich kommen davon an 700,000 Centner in Handel. Diese Salzart ist die härteste

*) Die Kartoffel ist ein Solanum (Nachtschatten), deren ganz eigenes narkotisches Princip ein Alkali, das den Chemikern unter dem Namen Solanin (Apfelsäure) bekannt ist. Diese Pflanzengattung enthält einen scharfen, Menschen und Thieren nachtheiligen, Stoff, wenn sie noch grün, völlig unreif, oder zu alt und zwar in der Keimperiode genossen wird.

und schärfste, und findet sich an verschiedenen Orten in verschiedener Gestaltung, wobei man 5 Hauptarten unterscheidet.

c. aus Gewässern über und unter der Erde.

Das über der Erde findet sich in den Meeren, und heißt Meer- oder Seesalz. An den Küsten von Frankreich wird hiervon besonders viel gewonnen.

Das aus salzhaltigen Gewässern unter der Erde, welche Soole heißen, und das beste Kochsalz geben, wird in den Salzwerken, wovon man in Deutschland an 76 zählt, entweder durch Verdampfung der Wassertheile oder durch Gradierwerke gewonnen, z. B. bei Halle an der Saale u. s. w. Die Meerwasser sowohl als die Salzsoolen sind verschiedenhaltig, was durch 2 =, 3 =, 4 =, 6 =, 8 löthig u. s. w. ausgedrückt wird, d. h. es sind in 100 Loth Wasser, so und so viel Loth Salz enthalten. Herr Langsdorf und Dommes haben Uebersichten gefertigt, wonach das Quantum des zu erhaltenden Salzes in einem Kubikfuße, mit Berücksichtigung der Löthigkeit der Soole, des specifischen Gewichts und des Gewichts eines rheinländischen Kubikfußes, übersichtlich angegeben sind.

Die Verschiedenheiten des Wassers der Deutschland zunächst berührenden Meere, in Vergleich mit einigen andern gesalzenen Wassern, zeigt folgende Zusammenstellung:

Gegenden	Menge der Salze in 1000 Theilen Wasser	Menge der Salze in 1 Pf. zu 16 Unzen	Chemiker
Ostsee bei Danzig	7,4 Th.	57 Gr.	Lichtenstein
= = Travemünde	12,1 =	93 =	Pfaff
= = Doberan	16,0 =	123 =	Link
= an der Kieler Bucht . .	20,0 =	153 =	Pfaff
Nordsee bei Ritzebürtel	31,2 =	234 =	=
= = Föhr .	34,5 =	265 =	=
Canal zwischen England u. Frankreich	36,0 =	276 =	Vogel
Atlantische Meer	38,0 =	292 =	=
Mittelländische Meer	41,0 =	315 =	=
Todtes Meer	245,4 =	1884 =	C. G. Gmelin
Gesättigten Salzsoolen Würtembergs	270,0 =	2073 =	Jäger und Alberti.

Die gesättigten Salzsoolen Würtembergs enthalten fast reines Kochsalz, dem nur sehr wenig andere Salze beigemengt sind, wobei sie ein spec. Gewicht von 1,201 zeigen.

Die Gewichts-Angaben, wonach Salze versendet werden, sind sehr verschieden, so hat z. B. in Hamburg eine Last französisches, spanisches oder portugisisches Salz 18 Tonnen an Gewicht 4800 ℔, — eine dortige Tonne hält, ohne Holz, circa 19 Liespfund; — in Danzig rechnet man auf eine Last in Tonnen geschlagenes Salz, im Handel, 12 Tonnen; in Königsberg 18 Tonnen zu 6000 ℔ u. s. w.

In den preußischen Salzmagazinen enthält die Tonne 405 ℔ netto, und wird für 15 ₰ verkauft.

Salz war von jeher bei allen Völkern die vornehmste Würze.

Das beste Mittel gegen Heiserkeit, die durch lautes Rufen oder Kommandiren entstanden, ist: „sich des Abends mit Salzwasser zu gurgeln, oder ein Stück Häring zu genießen." N. p.

Pfeffer. Es giebt schwarzen runzlichen und weißen glatten. Der englische und französische Pfeffer kommt in Ballen von 300 Pfund und darüber, der holländische und dänische in Ballen zu 400 ℔ und darüber in Handel. Der Cayenne-Pfeffer wird als der vorzüglichste betrachtet.

Nach mäßigen Schätzungen liefert Indien jährlich 8 bis 12 Millionen Pfund Pfeffer, von denen die Inseln Malacca, Java und Sumatra den geschätztesten spenden.

Gegen Appetitlosigkeit und Magenbeschwerden ist es gut, des Morgens nüchtern 6 bis 8 weiße Pfefferkörner ganz zu verschlucken.

Zwiebeln. Die Arten, welche hier besonders in Betracht kommen, sind: Sommerzwiebeln, Winterzwiebeln, egyptische Zwiebeln, Charlottenzwiebeln, Knoblauch; die übrigen Laucharten, (dies ist der Gattungs-Name) haben für den Soldaten weniger Werth.

Bei den meisten Völkern des Orients (woher die Zwiebel eigentlich stammt) wird der Genuß derselben als der Gesundheit sehr zuträglich und als ein Präservativ gegen Krankheiten betrachtet. Bei den Juden hat sich diese Meinung nicht allein bis auf die jetzigen Zeiten vererbt, sondern auch vielfältig bestätigt.

In Spanien und auch in mehrern Gegenden

Frankreichs gehört der Knoblauch zu den gewöhnlichen Nahrungsmitteln der untern Volksklassen.

Durchs Austrocknen geht der scharfe Stoff der Zwiebel verloren; in der Arznei wird sie häufig, besonders der Knoblauch, angewandt; im Süden von Europa, besonders in Spanien, wird Knoblauch in Menge verbraucht.

Für den Soldaten wäre, als Gewürz, die Wachholderbeere (Kadikbeere) noch zu empfehlen. Ihr Nutzen ist sehr vielseitig, denn sie dient zum Räuchern, um die Luft zu verbessern, zum Räuchern des Fleisches, um demselben einen angenehmen Geschmack zu geben, zum Verbessern abgezogener Wasser (Genever-Liqueur), als Thee, zu einer besonderen Biersorte, auch als Hopfensurrogat und in der Medizin (in Latwerge zubereitet), gegen die Wassersucht.

Zunächst für den Soldaten dient das Kauen einiger Wachholderbeeren zur Erfrischung und momentanen Stillung des Durstes, so wie jedes Fleisch, das gebraten wird, schmackhafter zu machen. N. p.

Auch Kümmel ist ein wohlfeiles, angenehmes und gesundes Gewürz, zu vielerlei Speisen zu gebrauchen, und daher den Soldaten zu empfehlen.

§. 5.

Getränke.

Das Wasser nimmt die erste Stelle ein, weil es nicht nur das natürlichste, gesündeste und einfachste Getränk, sondern auch zum Kochen nothwendig ist. Das Wasser, der verbreiteste Körper in der ganzen Natur, bedeckt mehr als $\frac{2}{3}$ von der Oberfläche der Erde, wird bei einer Temperatur von 0° R. oder + 32° F. fest, bei + 3,4° R.

hat es seine größte Dichtigkeit erlangt, dehnt sich von dieser Temperatur bis zum 80sten Grade R. um 5,65 Procent seines Volumens aus, findet bei diesem Grade, bei einem Druck der Luft von 28 p. Zoll, wobei es sich in Dünste verwandelt, die als Dämpfe sichtbar werden, welche in der Südhitze einen 1700 mal größern Raum einnehmen, als das Wasser, aus dem sie sich bildeten, und sich, in Hinsicht ihres Gewichts, zur atmosphärischen Luft verhalten, wie 624 : 1000.

Ein pariser Kubikschuh destillirten Wassers wiegt, bei + 11° R., 71 Pfund 12 Unzen 1 Drachme 10 Gran, das Pfund zu 10 Unzen med. Gewicht gerechnet.

Im gemeinen Leben unterscheidet man hartes und weiches Wasser. Unter hartem Wasser versteht man Quellwasser, welches wegen seines beträchtlichen Gehalts an Kohlensäure und erdigen Salzen, namentlich Gyps, die demselben beigemischte Seife leicht zersetzt, während das weiche Wasser, das von stehenden Gewässern oder Flüssen, durch die andauernde Einwirkung der atmosphärischen Luft zersetzt, weniger reich an Kohlensäure und den genannten Salzen, aber reicher an organischen Beimischungen, die zugemischte Seife weniger leicht zersetzt, weshalb letzteres geeigneter zum Waschen, als das harte Wasser ist.

Unter allen Arten von Wasser ist am ungesundesten zum Trinken das der Teiche oder stehenden Gewässer, das Sumpfwasser; außer einer Menge organischer Extrativ-Stoffe, enthält es oft noch Gewürm und Zoophyten *)

*) Thierpflanzen. Eins der berühmtesten ist das scythische Lamm (Boranetz), eine Art Melone, wie

Auf dem merkwürdigen Feldzuge Napoleons in Aegypten und Syrien geschahe es, daß die Soldaten von dergleichen Sumpfwasser tranken, worin sich kleine Blutigel so dünn wie Pferdehaare, befanden, welches ihnen viel Schmerzen verursachte. Sie wurden durch Verschlucken von Salz geheilt.

In Rußland machte die große Armee Napoleons ähnliche Erfahrungen.

Verdorbenes oder fauliges Wasser zu reinigen und dadurch genießbar zu machen, dienen folgende Mittel:

1. Das Kochen desselben. Durch das Kochen verliert es allerdings seine festen erdigen Bestandtheile größtentheils, indem sie sich als weißlicher Niederschlag absetzen, — aber zugleich auch die wenige fixe Luft, welche in dem Wasser noch enthalten ist.

Durch das Kochen wird hartes in weiches Wasser verwandelt, und dadurch zum Kochen von Hülsenfrüchten 2c. so wie zum Waschen geeigneter.

2. Das Filtriren desselben, und zwar:
   a. entweder man kocht das Wasser erst auf, läßt es durch Sand, Bimmstein oder gebrannten Thon, welcher letztere durch Beimischung von Kohlenstaub poröser gemacht wird, sickern und dann einige Zeit stehen;
   b. oder man kocht das Wasser mit gepulverter frischer Holzkohle auf, und läßt es einige Zeit stehen, damit sich das Trübende setze; wird hierdurch sein unangenehmer Geruch und Geschmack nicht benommen, so läutert

---

ein Lamm geformt, die durch einen Stiel, der ihr statt Nabel dient, an dem Boden gewachsen sein soll.

man es durch frisches Kohlenpulver und feinen Sand, mittelst zweier übereinander gestellten Gefäße, wovon das oberste einen siebförmig durchlöcherten Boden hat, zur Hälfte mit gedachten Substanzen angefüllt und darüber mit einem wollenen Sack versehen ist, der die gröbsten Unreinlichkeiten auffängt;

c. oder man filtrirt das verdorbene Wasser durch 3 Theile Kohlenstaub und 5 Theile gewaschenen Flußsand mit Grand, — welche Art für die zweckmäßigste gehalten wird. N. p.

Die Beobachtung der Natur lehrt, daß dasjenige Wasser am reinsten ist, welches am Fuße eines Berges von unten herauf quillt, weil alle schwere fremde Theile des Wassers, wenn dieses durch den Sand aufwärts steigt, unten zurückbleiben.

Die Beobachtung leitete den Professor Parrot junior auf die Erfindung eines Filtrums, das recht sinnreich ist. Ein solches Filtrum von Holz, welches in 24 Stunden 10,000 ℔ Wasser liefern sollte, könnte mit dem dazu gehörigen Sande, von 4 bis 6 Pferden gezogen und einem Armee-Korps sehr nützlich werden. (s. Magazin f. d. Neueste in der Physik und Naturgeschichte von Lichtenberg, fgt. v. Voigt XI. Band 1 S. 116. und folg.)

Eine merkwürdige Filtrirmaschine ist die, welche bei der Samaritaine in Paris errichtet worden ist, und die das Seinewasser reinigt, damit es seine laxirende Eigenschaft verliere.

Um Wasser auf langen Seereisen genießbar zu erhalten, ist es nothwendig, das Wasser in Gefäße zu thun, deren innere Ausfütterung aus einer Substanz besteht, auf welche das Wasser keine Wirkung äußert, z. B. aus verzinntem Kupferbleche. Lenormande hat (1799) folgendes einfache Verfahren, modrige Fässer zu reinigen, angegeben: unter laues Wasser, in welchem Alaun aufgelöst worden ist, wird Kuhmist gemischt; dieses Wasser wird gekocht, in das Faß gegossen und dies so nach und nach ausgespült, wodurch es den modrigen Geruch verliert."

In Fässern, die inwendig ganz verkohlt worden sind, hält sich das Wasser sehr lange frisch. Barthollet fand dasselbe, in so zubereiteten Fässern, nach 4 Monaten ganz frisch.

Zur Aufbewahrung des Weins dürfte dies auch sehr gut sein.

3. Die Reagentien als Reinigungs-Mittel des Wassers; doch diese Art ist nicht für Soldaten geeignet.
4. Das Verdampfen und Wiederauffangen desselben, wodurch es zum Kochen und Waschen ganz brauchbar gemacht und durch einen Zusatz von mineralischen Theilen auch zum Trinken geeignet wird.

Gemüße und Hülsenfrüchte leicht in Brunnenwasser zu kochen, werfe man in einen Eimer voll von diesem Wasser 48 Gran kohlensäuerliches Kali und rühre es tüchtig um. Hierdurch wird der Gyps, der schädlichste Bestandtheil des Brunnenwassers, niedergeschlagen, und man gewinnt, beim ruhigen Abgießen, ein weiches, ungetrübtes Wasser.

Wasser aus Morästen oder andere schlechte Wasser, kann man auch dadurch reinigen und verbessern, daß man darin ein glühendes Eisen abkühlen läßt. N. p.

Knoblauch sowohl, als Weinessig verbessern

ebenfalls schlechte Wasser, und Sprindwasser mit etwas Essig vermischt, giebt, besonders im Sommer, ein gesundes kühlendes Getränk, das noch den Vortheil bietet, die etwa dem Wasser beigemischten, auf den Körper nachtheilig einwirkenden Bestandtheile, unschädlich zu machen.

Eine Auflösung von Sode oder Potasche macht das Seewasser weich und milchicht, weil die erdigen Salze sich zersetzen und die erdigen Theile präcipitiren; alsdann ist es, nach Mitchill, besonders zum Waschen sehr brauchbar.

Seewasser wird auch durch Destilliren zum Trinkwasser, vornehmlich aber zu Kochwasser verwandelt. Aufgefangenes Regenwasser, wovon der rheinländische Kubikfuß $65\frac{15}{18}$ preußische Pfund wiegt, ist zum Kochen und Waschen sehr gut, und hat mehrere andere Eigenschaften, von welchen Nutzen gezogen werden kann und später noch die Rede sein wird.

Wenn gleich das gute Quellwasser, als Getränk, dem Menschen in nicht erhitztem Zustande, besonders zuträglich ist, so schadet es doch seiner Gesundheit ungemein, sobald seine Lunge durch starke Bewegung erhitzt worden, wie z. B. auf Märschen.

Ein recht empfehlungswerthes Werkchen: „über die herrlichen Wirkungen des kalten Wassers zur Stärkung des menschlichen Körpers, Abhaltung und Entfernung vieler Krankheiten und Uebel," hat vor kurzer Zeit der englische Doktor John Floyer geschrieben.

Ein vortreffliches, saures, kühlendes und gesundes Getränk der Russen, Kislitschi genannt, ist aus Gerstenwasser und Salpetersalz (Salnitri) oder saurem Vitriolgeist bereitet.

Branntwein, Spiritus, Alkohol d. h. rectificirter Weingeist, oder die geistige Substanz im Gegensatz des Pflegma's.

Unter Alkohol versteht man den, aus zuckerhaltigen Säften bei der Weingährung gewonnenen reinsten, wasserfreisten Weingeist, von 0,791 spec. Gewicht. Derselbe verdunstet leicht, siedet bei + 64° R., gefriert aber erst bei 63° R. unter dem Eispunkte. Mit Wasser ist er in allen Verhältnissen mischbar; mit zunehmendem Wassergehalte wird er schwerer, daher sich seine Stärke durch Aräometer bestimmen läßt, welche man auch Alkoholimeter nennt, wenn sie mit einer die Stärke des Weingeistes näher bezeichnenden Eintheilung versehen sind, wie die von Richter oder Tralles.

Der Alkoholimeter von Richter ist nach dem Gewicht, der von Tralles nach dem Maaße dergestalt eingetheilt, so daß bei dem erstern 1 ℔ Wasser und 1 ℔ Alkohol, und bei dem letztern 1 Quart Wasser und 1 Quart Alkohol 50 Procent ergeben.

Nach Professor Lowitz Ermittelung verhält sich das specifische Gewicht des wasserfreisten Alkohol (bei der Wärme-Temperatur von 16 Grad Reaumur) zu dem des Wassers, wie 791 : 1000.

Im Allgemeinen kann man annehmen, daß 5 Grad Temperatur nach Fahrenheit über oder unter derjenigen Temperatur, wobei der Alkoholimeter eingerichtet ist, 1 Procent Alkohol nach Tralles weniger oder mehr geben.

Der Weingeist ist eines der besten Mittel, thierische und Pflanzen-Körper gegen Fäulniß und Zerstörung zu schützen.

Spiritus.

Die Darstellung des stärksten Spiritus aus der Maische mit einer einzigen Destillation, ohne Lutter, Weinen und Klären, wird durch die patentirte Erfindung des Herrn Pistorius bis jetzt am zweckmäßigsten erreicht, indem man einen vollkommen starken und reinen Spiritus dadurch producirt.

Man fabricirt Branntwein von Reis, aus dem Safte der Kokusnüsse oder den Blumenkolben der Kokuspalme, welcher Rak, Arak heißt, und wovon der portugisische Rak von Goa der beste und der holländische Batavia-Rak der geistigere ist; von dem Safte des Zuckerrohrs, oder vielmehr von den übriggebliebenen Zuckerresten, welche Rum, Ram, Rumbillion heißt, und wovon der thuerste und beste der von Jamaika ist; aus den Weinrestern und Weinhefen, welcher Franzbranntwein heißt, den Frankreich am meisten liefert und wovon der Cognac der vorzüglichste ist; von Getreidearten, Früchten, Obstarten, Wurzeln, Beeren, Kartoffeln, Rüben u. s. w.

Der Branntwein aus Getreide, so wie aus Kartoffeln, zeichnet sich durch einen widrigen Nebengeruch und Geschmack aus, eine Folge des Oels in den Getreidearten, so wie besonders in der Schaale der Kartoffeln.

Wird ein solcher roher Branntwein lange auf Fässer gelegt, so verbessert er sich von selbst, indem das Oel sich nach und nach von selbst daraus zum größten Theil absondert, das dann, in Form einer schmierigen Substanz, auf dem Grunde der Fässer gefunden wird.

Zur Klärung des trübe gewordenen Branntweins nimmt man auf 100 Quart die Lauge von ¼ ℔ kalcinirtem Alaun oder von ¼ Potasche in siedendem Wasser aufgelöst, wodurch nach einigen Tagen ein Niederschlag der trübenden Substanzen entsteht.

Nicht selten enthält der gemeine Branntwein auch essigartige Säure, besonders der sehr schwache Branntwein, weßhalb derselbe leicht der Verderbniß unterworfen ist, besonders, wenn er an warmen Orten aufbewahrt wird, weil er denn nach und nach fast ganz in Essig übergeht.

Um solche Branntweine, sowohl von ihrem Fuselgeschmack, wie auch von der Säure, zu befreien und denen aus Wein, Zucker oder Obst bereiteten ähnlich zu machen, bedient man sich am geeignetsten der thierischen Kohle (in verschlossenen Töpfen verkohlte Knochen), im fein gemahlenen Zustande, die eine Verbindung von Kohlenstoff, so wie von phosphorsaurem und kohlensaurem Kalk ausmachen. Vermöge des Kohlenstoffes saugen sie das stinkende Oel, und vermöge des kohlensauren Kalks die Saure ein, so daß der reinere Geist übrig bleibt. Auf jedes Oxhoft berechnet man 8 ℔ solcher Knochenkohle. Auch mit Potasche, 1 ℔ auf jedes Oxhoft, kann man den Branntwein reinigen. — Schon im Jahre 1796 gab Herr Gratschef ein Verfahren an, den Fuselgeruch und Geschmack von Korn und anderm Branntwein zu entfernen und diesen zugleich so zu verbessern, daß er kaum von Franzbranntwein zu unterscheiden sei. Zu einem Maaße gemeinen Branntwein nämlich, werden 7 Loth ausgeglühte und gepulverte Holzkohlen und 9 Loth fein zerstoßener Reis genommen, welche Mischung

14 Tage beisammen bleibt, täglich umgeschüttelt und endlich durchgeseiht wird.

Wenn die Kartoffeln geschält werden, ehe man sie zum Branntwein benutzt, so erhält man, nach der Beobachtung des Hrn. Becher zu Mosbach bei Biberich, bessern (fuselfreien) und viel mehr Branntwein (s. Kastner's Archiv, XV, 487). Auch scheint die Anwendung der Kalk-Chlorüre ein ziemlich richtiges Resultat gewähren, nämlich auf 1000 Theile Gewicht des Branntweins etwa $\frac{1}{1000}$ Chlorüre von gepulvertem Kalke, mit zehnmal so viel Wasser verdünnt, das man nach 3 Stunden etwa abgießt und zu dem Branntwein schüttet, — und diese Operation auf derselben Kalk-Chlorüre zweimal wiederholt.

Da ein Scheffel Kartoffeln im Durchschnitt 6 preußische Quart Branntwein liefert, so sind, in Betreff der Branntweingewinnung:

$3\frac{1}{2}$	Scheffel	Kartoffeln	= 1	Scheffel	Weizen,
$2\frac{1}{2}$	"	"	= 1	"	Roggen,
2	"	"	= 1	"	Gerste,
$1\frac{3}{4}$	"	"	= 1	"	Roßkastanien,
$1\frac{1}{2}$	"	"	= 1	"	Ebereschen,
1	"	"	= 1	"	Eicheln.

Nun giebt es noch eine Menge Likörsorten, und doppelte Branntweine, die über Früchte, Zukker, Gewürze ꝛc. von neuem abgezogen worden sind, hier jedoch keine specielle Erwägung finden können.

Das Polizei-Directorium zu Berlin hat im Jahre 1812 den Abgang von Branntwein, Wein und Weinessig durch Verdunstung und Einsaugung der Fässer, wie folgt, angegeben:

Branntwein geht verloren 1stes Jahr 15 Procent, 2tes Jahr 10 Procent, 3tes Jahr 8 Procent, 4tes Jahr und ferner 4 Procent.

Wein geht verloren 1stes Jahr 8 Procent, 2tes Jahr 6 Procent, 3tes Jahr 4 Procent, 4tes Jahr und ferner 2 Procent.

Weinessig geht verloren 1stes Jahr 8 Procent, 2tes Jahr 6 Procent, 3tes Jahr 4 Procent, 4tes Jahr und ferner 2 Procent.

Vom eigentlichen Spiritus geht verloren 1stes Jahr 7 Procent, 2tes Jahr 4 Procent, 3tes Jahr und ferner am Maaß 2 Procent.

Der den Soldaten zu liefernde Branntwein ist gewöhnlich 36 Procent Alkohol nach Tralles, bei einer Temperatur von $12\frac{1}{2}°$ Reaumur stark, daher giebt:

1 Quart Branntwein zu 36 Procent = 1 Quart Lieferungs-Branntwein à 36 Procent.
1 Quart Branntwein zu 45 Procent = $1\frac{1}{4}$ Quart Lieferungs-Branntwein à 36 Procent.
1 Quart Branntwein zu 54 Procent = $1\frac{1}{2}$ Quart Lieferungs-Branntwein à 36 Procent.
1 Quart Branntwein zu 72 Procent = 2 Quart Lieferungs-Branntwein à 36 Procent.

oder im Allgemeinen: jedes Procent über 36 Grad giebt im Maaße $\frac{1}{36}$ Quart mehr.

Der Branntwein hält sich in gewölbten Kellern 100 bis 150 Jahre.

Die Verdünnung des Spiritus zum Getränk muß durch abgekochtes und demnächst wieder abgekühltes Wasser oder besser noch durch Regenwasser geschehen, weil er durch Sprindwasser (hartes) nicht allein verdünnt, sondern auch verschlechtert wird. N. p.

Zusätze zum Branntwein (als Verfälschung) von scharfen Ingredienzien, um eine Täuschung im Geschmack hervor zu bringen und das Brennende derselben einem starken Spiritusgehalte zuzuschreiben, als z. B. von weißem Pfeffer, langem Pfeffer, Taschenpferrer, Bertramwurzel, Kellerhalsrinde, Kellerhalssamen u. dgl., lassen sich leicht entdecken, wenn man mit einem solchen verdächtigen Branntwein Ober= und Unterlippe bestreicht. War derselbe in der Art verfälscht, so wird das Brennen auf beiden Lippen eine lange Zeit fortdauern, wogegen reiner Branntwein nichts empfinden läßt. Ein guter Spiritusgehaltmesser (Alkoholimeter) gestattet die richtigste Prüfung der Stärke des Branntweins.

Die Erfindung des Branntweins gehört den Arabern und fällt in das 12te Jahrhundert. In Europa, und namentlich in Frankreich, wurde die Kunst, Branntwein zu brennen oder zu destilliren, erst in der Mitte des 13ten Jahrhunderts bekannt, und blieb lange im Gebiete der sogenannten hermetischen Philosophie.

Etwas später begannen die Genueser aus Korn ein geistiges Getränk zu bereiten, und verkauften solches als ein trefflich specifisches Mittel in kleinen Fläschchen, unter dem Namen Aquavit, zu hohen Preisen. Bis zum 16ten Jahrhundert galt dieser Aquavit nur als Arzenei und ward nur in Apotheken verkauft.

Um jene Zeit verfiel man auf die Idee, den ungarischen Bergleuten, als Präservativ gegen Frost und Nässe, diesen Trank zu reichen. Von jetzt ab verbreitete sich dessen Genuß weiter, und zwar in solchem Maaße, daß Heinrich VIII. von England die Bereitung desselben beschränkte, und

Maria den Genuß desselben (1556) gänzlich untersagte.

Ein mäßiges Trinken des Branntweins ist wohl nicht schädlich, im Gegentheil dient es nicht selten dazu, Krankheiten abzuwehren, und Friedrich der Große hält den Branntwein sogar für ein den Soldaten unentbehrliches Getränk (s. Unterricht Friedrich **II.** f. d. Generale s. Armee Th. I. Cap. 3). Ein unmäßiger Genuß desselben macht den Kopf schwer und die Füße schwankend, raubt dem Menschen den Verstand und erniedrigt ihn unter das Vieh. Ein fortgesetzter übermäßiger Genuß davon wird dem Menschen ein Gift.

Da der Trunk Körper und Seele entkräftet, den Menschen nur der Gesellschaft schädlich macht, so gab schon Solon von Athen, 592 v. Chr. Geb. die Verordnung, daß der Archont am Leben gestraft werden sollte, der sich im Wein berausche.

In Schweden haben sich jetzt Vereine mit dem vorgesteckten Zwecke gebildet, das Branntweintrinken gänzlich abzuschaffen, weil es daselbst auf eine der menschlichen Gesundheit höchst nachtheilige Art überhand genommen. Aus Portland, dem Haupthafen des nordamerikanischen Staats Maine, gehen seit längerer Zeit Schiffe ohne Rum oder Branntwein in Seee. Als Ersatz dient denselben Kaffee und Syrup.

Die nordamerikanischen Local- und General-Vereine zur Abschaffung des Branntweintrinkens (mehr als 3200 an der Zahl) haben schon bedeutend zum Wohl der Menschheit eingewirkt, denn auf 400 nordamerikanischen Schiffen, die 1831 auf der See waren, befand sich nicht ein einziges Faß Branntwein. Auch das nordamerikanische Krieges-Ministerium hat die den Truppen mißbrauchlich zugestandenen Branntwein-Rationen abgeschafft; nur an Tagen außerordentlichen Dienstes wurden sie, als gesetzlich regulirt, beibehalten. Das Branntweintrinken hatte aber auch in Nordamerika auf eine fürchterliche Weise um sich gegriffen, denn vor dem Jahre 1828 genügten jährlich 72,000,000 Gallonen geistiger Getränke einer Bevölkerung von 12,000,000 Seelen nicht. —

Da gewöhnlich falsche Ansichten, Verdruß, Kummer, Unbehaglichkeit des Körpers, Wetterveränderungen u. s. w. die Ursachen sind, wodurch Leute verleitet werden, zu viel Branntwein zu trinken, so dürften richtige Belehrung derselben und Steigerung der Branntweinpreise, so wie ein Ersatz-Getränk, das Branntweintrinken wo nicht ganz abschaffen, doch ungemein, zum Besten der ganzen Menschheit, vermindern.

Auf dem Marsche den Durst auf einige Zeit zu löschen, ist nichts besser, als sich den Mund mit Branntwein auszuspülen und dann denselben auszuspeien. N. p.

Ein gesundes Getränk, in geringem Maaße genossen, ist Grog, von abgekochtem heißem Wasser, Rum und Zucker.

Bier.

Das unter diesem allgemeinen Namen vorkommende Getränk ist sehr verschieden, hinsichtlich des Geschmacks, der Stärke, Dauer und Farbe, so wie der dazu verwendeten Zuthaten; immer bleibt es aber eine durch geistige Gährung aus den Getreidearten bereitete Flüssigkeit, die sich vom Weine, ihres geringen Gehalts an Alkohol und größeren Menge consistenter, schleimigextraktartiger Theile wegen, unterscheidet.

Es giebt weiße und braune, süße und bittere Biere, je nachdem sie aus Luft= oder Darrmalz, ohne oder mit Hopfen gebraut werden.

Ihre Zubereitungsmethoden sind eben so mannigfaltig, daher unter den unendlich vielen Bieren nicht alle zum Verfahren, oder langen Aufbewahren taugen.

Die Würze des Biers wird durch ein Instrument gemessen, welches Saccharometer heißt.

Setzt man statt Hopfen oder dessen Surrogate, etwas anderes zum Biere, z. B. Schafgarbe, oder Blätter der Citronenmelisse, oder der Walddoste, so wird es berauschend; von den Blättern des Wachsstrauchs, des Sumpfposts (wilden Rosmarin) wird es schädlich berauschend und Kopfweh erregend; durch Wermuth wird es betäubend und bitter.

Das Bier verliert an Säure durch Wermuth, den man hineinhängt; gegen Säure wird es geschützt und angenehm schmeckend gemacht durch Nelkenwurz; mit einem Zusatz der eingedickten Flüssigkeit von den Blättern des Bitterklees, kann man dem Biere einen dem Porter=Bier ähnlichen Geschmack geben.

Eine besondere Aufmerksamkeit erfanden die vorkommenden Verfälschungen des Biers, namentlich durch Zusätze von scharfen oder betäubenden Mitteln; hierzu wird, außer den schon angeführten Mitteln, nicht selten benutzt: Mohn, Haselwurz, Lolch, weiße Nieswurz, Galgant, Mutterkorn, Kockelskörner, Potasche u. dgl. mehr.

Auf eine Tonne Bier, welche 100 preußische Quart (zu 58 Kubikzoll oder $2\frac{1}{?}$ ℔) enthält, wird ein preußischer Scheffel Gerstenmalz oder $\frac{8}{9}$ Scheffel Gerste gerechnet.

Ein vortreffliches Bier giebt $1\frac{1}{2}$ preußische Scheffel gutes, nicht zu sehr und nicht zu wenig gewachsenes, gut gedarrtes und nicht verbranntes Malz, und zu diesem $1\frac{1}{2}$ ℔ alten, wohlriechenden, starken Hopfen, auf 100 preußische Quart.

Man rechnet gewöhnlich, daß 18 Scheffel Gerste 20 Scheffel Malz geben. Zum Darren von 24 Scheffel Malz braucht man $\frac{1}{4}$ Klafter oder 27 Kubikfuß Holz. Zu einem Gebräude von 24 Scheffel rechnet man 1 Klafter Holz zu 108 Kubikfuß.

Auf zehn Scheffel Malz nimmt man gewöhnlich 1 Scheffel Hopfen zu 5 bis 6 ℔. In England wird schon seit längerer Zeit ein gehopftes Syrupsbier bereitet und in Stelle des gewöhnlichen Malzbiers getrunken.

Bier ist ein sehr altes Getränk. Nach Herodot, Diodor und Eusebius sollen schon die alten Aegyptier sich eines Getränks bedient haben, welches aus Gerste, Wasser und Gewürze bereitet wurde. Das Bier war ein Lieblingsgetränk der alten Deutschen, und wurde nach Tacitus und Plinius Zeugniß aus Gerste und Korn bereitet; auch den Galliern war dasselbe bekannt.

In der lateinischen Sprache heißt das Bier **Cerevisia**, welches von den Wörtern **Ceres** (die Göttin des Getreides) und **Vis** (Kraft) gebildet zu sein scheint.

Der Essig, hier als höchst nützlicher Getränkszusatz, und später als eben so wohlthätiger Speisezusatz aufgeführt) wird gewonnen, wenn man eine weingahre Flüssigkeit, wie Traubenwein, Cider- oder Obstwein, Meth, Bier, oder auch eine, die Weingährung überstandene, mit Wasser gemachte Extraction von Gersten- oder Weizenmalz, in offenen oder oder doch nur leicht verschlossenen Gefäßen, bei einer Temperatur von 16, 18 bis 20 Grad Reaumur aufbewahrt; alsdann verliert sich nach und nach die weinartige Beschaffenheit derselben, sie nehmen einen sauern Geruch und Geschmack an und das Produkt ist erzeugt.

Alle, besonders vegetabilisch-organische Substanzen, welche Zuckerstoffe und mehlartige Bestandtheile enthalten, und vermöge derselben eine Weingährung einzugehen geschickt sind, eignen sich auch, Essig daraus zu bereiten.

Bieressig wird in gewölbten Kellern aufbewahrt, hält sich nur etwa Ein Jahr und verliert in diesem circa 8 Procent.

Der Wein ist bei einer Armee mehr nützlich als nothwendig. Derselbe wird aus den Trauben des Weinstocks gepreßt und ist der durch die weinichte Gährung umgeänderte geistige Saft, dessen Beschaffenheit hauptsächlich von der Güte der Traube selbst, wozu der Boden, das Klima, das Alter der Stöcke u. s. w. beitragen, demnächst von der Behandlung des ausgepreßten Saftes abhängig bleibt.

Ungegohrner, frischer Traubensaft heißt Most; neuer, noch unabgelegener Wein, grüner; ein guter abgelegener, Firnewein. Es giebt sehr verschiedene Arten Weine in Farbe, Geschmack, Geruch, Stärke, Güte und Wirkung auf den Körper. Mehrere Sorten Weine verlieren an Güte durch das Alter, die meisten jedoch gewinnen dadurch, z. B. alle deutschen Weine.

Viele Weinsorten lassen sich in gewölbten Kellern mehrere hundert Jahre aufbewahren, und verlieren, nach anderweitigen Beobachtungen, im 1sten Jahre 10, im 2ten Jahre 4, im 3ten Jahre

2 und im 4ten Jahre 1 Procent. Je größer die Fässer, desto weniger Leckage; auch nimmt er in großen Fässern an Güte zu, und kömmt nicht sogleich in Gährung.

Künstliche Weine werden von Quitten, oder aus Birkenwasser, oder von verschiedenen Beeren, oder von Cyder d. h. Obstsaft u. s. w. gemacht.

Die Weine werden öfter versetzt: mit bittern Mandeln, oder den Blättern des Kirschlorbeers; ferner mit Hagebutten, Schwertelwurzel, Sarley, Kirschlorbeerwasser und Fliederblumen, um ihnen ein Hochgelb zu geben; mit Alaun, um junge, magere Weine hell zu machen und rothe zu verbessern; mit ausgepreßtem Fliederbeerensaft um Portwein zu färben; mit rothen Sumach, um weißen Weinen eine rothe Farbe zu geben; mit Eichensägespänen oder Schlehen oder grünen Nußschalen, um sie herbe zu machen, und mit verschiedenen Gewürzen, um den Geschmack zu verbessern oder vielmehr zu schärfen. Unter den Verfälschungen ist die gefährlichste: eine Beimischung von Blei, durch welche man schlechten Weinen den herben Geschmack benimmt; weniger schädlich ist eine starke Beimischung von Schwefel, (eine geringe ist ohne Nachtheil); sehr nachtheilig sind Zusätze von Alaun; weniger nachtheilig sind Beimischungen von Branntwein, Abkochungen von Fernambuckholz und ähnlichen rothen Farbenstoffen, — noch weniger nachtheilig Verfälschungen mit Cyder.

Einige Weinsorten verlangen eine geringe Versetzung mit dergleichen Ingredienzien, z. B. der Portwein mit Branntwein, weil er sonst leicht beim Transport zur See verdirbt u. s. w.

Zur Prüfung verfälschter Weine mögen folgende Bemerkungen dienen.

Ist ein Wein mit Weingeist vermischt, so destillirt man eine kleine Quantität davon in einer kleinen gläsernen Retorte im Sand- oder Wasserbade; geht, beim 170sten bis 205ten Wärmegrade nach Fahrenheit, schon Spiritus über, so soll er mit Weingeist verfälscht sein, weil sich, nach mehrseitigen Ermittelungen, der eigenthümliche Geist des Weins erst bei 212 Grad verflüchtigt. Die Verdünnung mit Wasser ist an dem faden, wenig geistigen Geschmack und Geruch zu erkennen; ein Zusatz von Alaun, durch Zutröpfeln von aufgelöstem Kali, wodurch die Alaunerde als Pulver niedergeschlagen wird, oder auch durch Abdampfen des Weins bis zum vierten Theil, durch Vermischen mit Alkohol, wonach sich der Alaun, bei gehöriger Ruhe und Frist, in Kristallen an das Gefäß anlegen wird. Ein zu stark geschwefelter Wein verursacht, beim Zutröpfeln von salpetersaurer Silberauflösung, einen braunen oder schwärzlichen Niederschlag. Metallische Vermischungen werden durch hydrothionsaures Wasser (Hahnemannsche Probeflüssigkeit) entdeckt; das Blei wird schwarz oder schwarzbraun, das Kupfer dunkelbraun gefärbt; andere schädliche metallische Zusätze, die jedoch im gewöhnlichen Handel wohl nicht vorkommen möchten, sondern nur eine planmäßige Vergiftung beabsichtigen, sind ebenfalls hierdurch zu erforschen. Der Spießglanz fällt mit Pomeranzenfarbe, der Arsenik gelb nieder u. s. w. Sollte ein geringer Antheil Eisen vorhanden sein, der jedoch unschädlich ist, so werden einige Tropfen Galläpfel-Tinktur einen schwarzen Niederschlag hervorbringen.

Der Weinbau reicht in der Zeit so weit hinauf, als unsere Geschichte. Die Erfindung des Weins schreiben die Aegyptier dem Osiris, die Lateiner dem Saturnus, die Griechen dem Bachus zu. Noa pflanzte einen Weinberg 2344 v. Chr. Geb.; in Canaan gehörte der Wein schon zu Abraham's Zeiten zu den edelsten Produkten des Landes; bei den Pharaonen war der Wein bekannt und geschätzt; die Israeliten fanden in Palästina vortrefflichen Wein und trieben die Rebenkultur sehr eifrig; durch die Tyrier, die Phönicier und Griechen soll die Rebenkultur nach Europa gebracht worden sein; schon in den frühesten Zeiten war es bei den Griechen üblich, Wein mit Wasser zu mischen; nach der Zerstörung von Troja fand Eteneas den Weinbau schon bei den Lateinern; der Wein spielte bei den Religions-Gebräuchen der Römer eine wichtige Rolle u. s. w. Plutarch, im Leben des Camillus, erzählt: Aruns Tychenus habe sich ein gallisches Hülfsheer verschafft, indem er den Galliern den italienischen Wein zu kosten gab, und sie dadurch nach Italien lockte. Als Cäsar Gallien eroberte, wurde im narbonesischen Gallien und um Marseille schon Wein gebaut.

In dem heutigen Deutschland ist der Weinbau nicht zu gleicher Zeit eingeführt worden. Unsere Voreltern, die tapfern Germanen, hatten bei ihren Einfällen in das römische Reich den Wein kennen gelernt. Sie fanden daran so viel Geschmack, daß schon Tacitus von ihnen erzählt: „sie hätten alle ihre Habe, zuletzt sogar ihre persönliche Freiheit geopfert, um sich Wein zu verschaffen.“ Zur Zeit der Kreuzzüge und des Ritterthums, war der deutsche Weinbau schon sehr ausgedehnt und selbst in der jetzigen Provinz Preußen wurde, unter dem deutschen Orden, Wein gewonnen. Mahomed dagegen hat die Rebenkultur, wenn gleich die Perser den Wein besonders liebten, mit Gewalt zerstört, denn er verbot den Genuß des Weins. Die Mohamedaner entschädigen sich dafür durch berauschende und betäubende Opiumgetränke.

Zu den vermischten, durch Kunst zubereiteten, Getränken der Griechen gehörte auch das aus parmnischen Wein, Zwiebeln, Käse und Mehl zubereitete. Für uns würde ein solches Getränk sehr unschmackhaft sein; die Griechen konnten es vielleicht gern trinken, da die griechischen und ägyptischen Zwiebeln einen süßen Geschmack hatten.

Thee.

Aus den Blättern des Theestrauchs, der vornehmlich in China und Japan wächst, wird ein sehr gesundes, wohlschmeckendes Getränk bereitet. Dasselbe wurde erst in der letzten Hälfte des 17ten Jahrhunderts in Europa bekannt.

Es giebt verschiedene Sorten von diesem Thee, die sich durch Geruch, Stärke, Geschmack, Lieblichkeit u. s. w. unterscheiden.

Eine Mischung mehrerer Theesorten in nachfolgendem Verhältniß, giebt das wohlschmeckendste Theegetränk:

$\frac{2}{5}$ Perlenthee,
$\frac{1}{5}$ Haysanthee,
$\frac{1}{5}$ Kaiserthee (**Thébin**),
$\frac{1}{5}$ Longothee (**Thécongsou**) **N. p.**

Der häufige Genuß des heißen Theeaufgusses ist schädlich, wie alles im Uebermaaß Genossene.

Einen, dem chemischen Thee ähnlichen, geben die Blätter und Blüthen der Walddoste; einen gelblichen, balsamisch schmeckenden Thee, geben die Späne des türkischen Hollunders; die getrockneten Blätter des Schlehenstrauchs, so wie die Blätter des Himmbeerstrauchs, und die jungen Blätter der Erdbeeren, dürften ebenfalls ein Surrogat des chinesischen Thees geben. Thee von Fliederblüthen ist schweißtreibend; Thee von Kamellen ist krampfstillend und gut gegen Leibesbeschwerden.

Der Kaffee, ein jetzt ganz allgemeines Getränk, von den Bohnen des Kaffeebaums bereitet, der jetzt in Ost- und Westindien, Amerika u. s. w. durch häufigen Anbau wächst, zu seinem eigentlichen Vaterlande jedoch das glückliche Arabien und Aethiopien hat, dort wild wächst, und eine Höhe von 20 bis 30 Fuß erreicht. Im Jahre 1710 wurde der erste Kaffeebaum nach Europa verpflanzt, nach Andern sollen ihn die Holländer schon im Jahre 1690 aus Mekka nach Holland gebracht haben. Der Gebrauch der gebrannten Kaffeebohnen ist in Konstantinopel schon im Jahre 1554 bekannt gewesen, und im folgenden Jahrhundert im übrigen Europa eingeführt worden.

Es dürfte nicht unwahrscheinlich sein, daß der deutsche Orden die Bekanntschaft mit dem Kaffee aus dem Orient mit nach Europa brachte, und dies scheint durch ein Vermächtniß des Bürgermeisters zu Thorn, Simon Bölkau, im Jahre 1436, der darin seines Kaffeeberges gedenkt, Bestatigung zu finden.

Die vorzüglichste Sorte ist der arabische, oder levantische, oder Yemen-Kaffee, und namentlich der Mekka-Kaffee, dessen Bohnen am kleinsten und vergleichsweise am dunkelsten von Farbe sind.

Er ist ein die Nerven mächtig aufregendes

Mittel und ein vorzügliches Gegengift aller narkotischen Pflanzengifte, namentlich des Kirschlorbeerwassers, des Mohnsaftes (Opiums), des Bilsenkrautes u. dgl.

Derselbe wird versandt: in Säcken zu 100 bis 150 ℔, in Ballen zu 400 bis 800 ℔ und in Tonnen zu 800 bis 850 ℔ netto, und auf die Thara wird dabei ein besonderes Gewicht vergütigt. —

Kaffee-Surrogate. Da der Kaffeebaum in den weniger warmen Klimaten nicht fortkommt, so hat man den ausländischen Kaffee durch ein inländisches Produkt zu ersetzen gesucht, als durch gebrannte Körner einiger Getreidearten, Cichorien, Runkelrüben, Beeren des Weißdorns, Eicheln, (besonders Magen stärkend) Hammbutten (Hagebutten d. i. die Samenkapseln der wilden oder Hundsrose), Haselnüsse, Erdmandeln, Erdnüsse, Vogelkirschen, durch den Samen der Wasserschwertlilie, die eßbare Kastanie u. dergl. m.

Seit einiger Zeit ist der sogenannte schwedische Kaffee, Kaffeewicke (**Astragalus baeticus**) sehr im Gebrauch, und wohl das bis jetzt entdeckte beste Kaffee-Surrogat; der in kleinen, fingerlangen, zweifächerigen Schoten befindliche Samen wird, nachdem er getrocknet ist, mit indischem Kaffee zusammengebrannt, zu $\frac{3}{4}$ ℔ des Samens $\frac{1}{4}$ ℔ des letztern, mit der Vorsicht, daß man ihn um das leichte Verbrennen zu verhüten, erst dann zuschüttet, wenn der letztere anfängt zu dampfen.

N. p.

Diese Pflanze wird jetzt häufig in Deutschland von Handelsgärtnern gezogen, von welchen der Samen zu beziehen ist, — auch von Nathusius in Magdeburg.

§. 6.

Mehl, Zwieback, Soucharren und Brod.

Im Allgemeinen werden zu $1\frac{1}{6}$ ℔ Zwieback oder zu 2 ℔ Brod $1\frac{1}{2}$ ℔ Mehl, zu $2\frac{1}{2}$ ℔ Soucharren 4 ℔ Brod gebraucht, und die Getreidearten geben nachfolgende Mehlsorten:

nämlich	angenommen der Scheffel zu Pf.	geschrotetes Mehl in Pf.	gebeuteltes, gewöhnliches Mehl in Pf.	feines Speisemehl in Pf.	Bemerkungen.
Weizen	85	8	80	70	1 Scheffel Mehl aller Art wird im Durchschnitt gerechnet zu 75 ℔, Kleie zu 40 ℔.
Roggen	80	78	75	64	
Gerste	55	53	50	44	

Dem Müller passiren an Abgang von 80 ℔ Roggen, wenn er sonst das Mehl gut ausmahlt:

Beim gebeutelten Mehle $1\frac{3}{4}$, 2, $2\frac{1}{4}$ höchstens $2\frac{1}{2}$ Pfund, beim Schrotmehl 1 ℔, und an Kleie werden beim gebeutelten Mehle 2 bis $2\frac{1}{2}$ ℔ gerechnet.

Die Mahlmetze, à $\frac{1}{16}$ pro Scheffel, erhält der Müller entweder in Natura oder, nach dem Marktpreise des Orts, in Gelde.

Ein Mühlengang liefert gewöhnlich in 24 Stunden 24 preußische Scheffel Mehl.

In belagerten Festungen werden für den Nothfall Handmühlen von Eisen in Gebrauch gesetzt.

Weiches Flußwasser löset das Mehl eher und

besser auf, als hartes Brunnenwasser. Auf einen Scheffel Mehl sind, nach Verhältniß der Güte des Mehls, circa 37 ℔ Wasser erforderlich.

Auf 6 ℔ Brod werden 1½ bis 2 Loth Salz gerechnet. Es ist so viel Mehl zum Brode weniger erforderlich, als Salz dazu genommen wird, um gleich viel Brod zu erhalten.

Sauerteig (wozu kein Salz kommt) wird von der Feldbäckerei immer mitgenommen und von einem Backen zum andern aufbewahrt. Mit Mehl zu kleinen Kugeln geformt, und dies so lange wiederholt, bis sie völlig hart sind, erhält sich der Sauerteig lange. Aus Sauerteig wird der Grundsauer, aus dem Grundsauer der Hauptsauer bereitet.

Das Brod für die Soldaten muß in der richtigen Pfundzahl ausgebacken, darf nicht früher, als 24 Stunden nach der Verbackung ausgegeben und in der Regel nicht über 4 Tage alt werden.

Ein sechspfündiges, ausgebackenes Brod verliert in der ersten 24 Stunden 2 bis 3 Loth, bis zum 4ten und 5ten Tage 6 Lothe.

Zu 12 ℔ Brot gehören 13¾ ℔ Teig, nach Andern 13½ ℔ Teig und aus einem preußischen Scheffel Roggenmehl, zu 75 preuß. ℔, werden 100 preußische, oder 16⅔ Stück Brode, jedes zu 6 preußischen Pfunden, so wie außerdem, nach Maaßgabe der Güte des Mehls, pro Wispel noch bis 20 Plusbrode gebacken.

Der General von Hoyer führt an: die Brodportion des französischen Soldaten habe zu allen Zeiten nur 1½ ℔ betragen, zu ⅔ Roggen und ⅓ Weizen. Bei den deutschen Armeen habe dagegen der Soldat täglich 2 ℔ Brod bekommen, bis man durch den gemeinschaftlichen Dienst einsehen gelernt, daß jene kleinere Portion völlig hinreichend sei.

Dem Weizenbrode giebt man zur Gährung statt Sauerteig Bierhefe. Zum Gerstenbrode wird das Mehl von Gerste, entweder rein für sich, oder in einer Vermengung mit Roggenmehl verwendet. Das Gerstenbrod ist kraftvoll und nährend, trocknet aber leichter aus als Roggenbrod. Zu dem sogenannten Komißbrod wird der Roggen, ohne die Kleie davon zu trennen, grob gemahlen, der Teig mit Sauerteig gesäuert und dann gebacken.

Der Pumpernickel in Westphalen wird von reinem Roggenmehl ohne Zusatz gebacken. Der Roggen wird hierzu nur mäßig fein gemahlen, eigentlich nur fein geschroten, ohne das Mehl von der Kleie zu sondern und zu beuteln. Die Teigmasse bleibt etwa 16—24 Stunden stehen, um sich zu säuern, welches Säuern in schon oft gebrauchten Backtrögen sehr bald von selbst erfolgt, außerdem aber durch einen Zusatz von Sauerteig befördert werden muß. Der Teig wird stark geknetet, zu Broden von 30 bis 50 ℔ ausgeformt und dann, auf 16 bis 24 Stunden, in den sehr dicht verschlossenen Backofen geschoben u. s. w.

Bei dem Anfrischen und Einteigen, gleich viel zu welchem Gebäck, muß die Flüssigkeit, so wie das Mehl, wenigstens eine Temperatur von 14 bis 16 Grad Reaumur besitzen.

Das Mehl zum Teige der Zwiebacke besteht aus $\frac{1}{3}$ Weizen- und $\frac{2}{3}$ Roggenmehl, oder aus $\frac{1}{4}$ Weizen- und $\frac{3}{4}$ Roggenmehl. Dieser Teig wird süßsauer, wie der sogenannte Prezelteig festgearbeitet, dann in dünne Kuchen geformt und mit einem Strippelholz von 60 eisernen Nägeln von beiden Seiten, Behufs schnellen Austrocknens, durchstochen.

Zu einer Portion von 1 ℔, aus Teig von $\frac{1}{3}$ Roggen= und $\frac{2}{3}$ Weizenmehl, werden 1 ℔ und 24 Lothe Teig genommen; zu 66 ℔ Zwieback (von $\frac{1}{3}$ Weizen= und $\frac{2}{3}$ Roggenmehl) sind 75 ℔ Mehl erforderlich.

Beim Backen muß der erste Schuß Zwieback 1 und der zweite Schuß $1\frac{1}{2}$ Stunde in dem mäßig erhitzten Ofen stehen, so daß ein Ofen durch achtmaliges Backen in 24 Stunden, gegen 1000 Portionen Zwieback, à 1 ℔, liefern kann. Die Zwiebacksfässer enthalten gewöhnlich 170 ℔ netto.

Sollten Verhältnisse es nothwendig machen, Zwieback zu Pferdefutter zu verwenden, so werden 2 ℔ Zwieback einer Metze Hafer gleich gerechnet.

Die russischen Soldaten erhalten jetzt ihren Zwieback in Pulver=Portionen.

In Portsmouth wurden 1831 vermittelst einer Dampfmaschine 16,000 ℔ Schiffszwieback in 24 Stunden verfertigt, welche für die tägliche Ration der Mannschaft von 20 Linienschiffen hinreichen. Bisher ward in England der Schiffszwieback von Privatleuten geliefert.

Einen ganz vorzüglichen Zwieback, der sich Jahre lang hält, liefert nachfolgende Zusammensetzung:

man knetet 3 ℔ Weizenmehl mit 30 Eiern, 1 ℔ Butter, 6 Loth Salz und 1 Loth Pfeffer zusammen, treibt diesen Teig ganz dünn auseinander, schneidet ihn in Stücken, und bestreut selbige, damit sie nicht an einander kleben, mit circa 10 Loth Weizenmehl. Demnächst breitet man diese Teigstücke (welche circa 7 ℔ 5 Loth wiegen) auf Brettern aus, die alsdann in einen mäßig erhitzten Ofen geschoben und hinlänglich abgetrocknet werden, wodurch man eine Masse von 4 ℔ 22 Loth erhält.

Hiervon geben 4 Loth zerstoßen, in ¾ Quart kochendes Wasser gethan und hierin aufgekocht, eine gute Portion wohlschmeckender, kräftiger Suppe (mit weniger Wasser gekocht = Brei) für einen Mann, demnach jene 4 ℔ 22 Loth = 37 Portionen und 2 Loth.

Rechnet man nun von einem Scheffel Weizen (à 85 ℔) 80 ℔ gebeuteltes Mehl, und dies Mehl zu 2 rthl. 20 Sgl., so würden kosten:

3 ℔ 10 Loth	3	Sgl.	4	₰
30 Eier (die Mandel à 3 Sgl.) .	6	„		
1 ℔ Butter	5	„		
6 Loth Salz	1	„		
1 „ Pfeffer	—	„	3	„
die Ingredienzien in Summa .	15	Sgl.	7	₰
und demnach die Portion . .	—	„	5	„

Bringt man nun auch die Zubereitungs-Kosten in Anschlag, so dürfte die Portion dieser Masse etwa 5½ ₰ zu stehen kommen. Bei wohlfeilerem Einkauf der Ingredienzien und der Zubereitung in großer Quantität, würde die Portion nur 4 höchstens 4½ ₰ kosten.

Der Bäckermeister Böger zu Königsberg i. P. hat, nach Vorschrift des Verfassers, diesen Zwieback vortrefflich bereitet.

Dieser Zwieback eignet sich im zerstoßenen Zustande auch sehr gut zu Speisen, an welche etwas Mehl angerührt werden muß, oder an solche, die mit Mehl bestreut werden sollen z. B. Fleisch, Fische u. dgl. mehr. **N. p.**

Derselbe ist demnach eine, sich lange haltende, Vereinigung von animalischen Mehl- und Gewürzstoffen, die für den Soldaten im Felde von großem Nutzen sein kann.

Eine andere Art Zwieback mit animalischen Substanzen wäre der, von gereinigten, mit Mehl und etwas Eier zusammengekneteten Stinten, welcher ebenfalls wohlschmeckt und sich lange hält.

Das Mehl, woraus Brod gebacken wird, in sogenannten Mehlspeisen oder Mehlsuppen anhaltend hintereinander genossen, macht träge, und kann auf die Länge den Magen verderben.

Verdorbenes Mehl, welches bei den Lieferungen nicht selten vorkommt, ist der Gesundheit höchst nachtheilig, Roggenmehl soll sich nicht so gut konserviren, als Weizenmehl, auch nicht so gut mit Eierstoffen verbinden, als letzteres.

Wenn Mehl in Fässer verpackt, aufbewahrt oder versendet werden soll, muß es stark ausgetrocknet werden, um ihm alle inhärirende Feuchtigkeit zu entziehen, weil es sonst sich leicht erhitzt, stockig wird und einen sumpfigen Geruch und Geschmack annimmt.

Mehl von altem, dreijährigem, vorzüglich schwerem, reinem Roggen, mit einem hohen Grade von Trockenheit, ist das beste zum Verpacken, (wozu trockene Witterung zu wählen und das Treten zum Festpacken sich am meisten bewährt) so behandelt erhält es sich, unter günstigen Umständen, wohl 30 Jahre und länger. Etwas dumpfig gewordenes, muß bei Zeiten in trockenem, warmem Wetter ausgestürzt, klein gemacht, gesiebt und so lange bearbeitet werden, bis der Geruch daraus entfernt ist.

Im Allgemeinen ist anzunehmen, daß von

24 Scheffeln oder 1932 ℔ Roggen, bei dem Beuteltuche von 25 bis 28 Fäden auf den Quadratzoll, gewonnen werden:

durch den 1sten Gang 1232 ℔
„ „ 2ten „ 320 „
„ „ 3ten „ 100 „
„ „ 4ten „ 81 „
Sa. 1836 ℔ Mehl
außerdem etwa 18 bis 20 ℔ Kleie
„ „ 38 „ 54 bis 60 ℔ Abgang.
Summa totalis 1932 ℔.

Auf eine geringe Differenz kommt es hierbei nicht an.

Bei Weizen, der sich leichter mahlen läßt, ist ein 2 höchstens 3maliges Aufschütten nur nöthig.

Schrotmehl, welches nach Beschaffenheit der Mühle, bei zweimaligen Aufschütten und Sieben, durch 19 bis 20 Fäden auf den □ Zoll, gewonnen wird, darf keine unvollständig zermalmten Körner enthalten.

Dem Müller wird pro Scheffel 1 ℔ Abgang gutgethan.

Die gefüllten Mehlfässer enthalten circa $4\frac{1}{2}$ bis $5\frac{1}{2}$ Centner an Gewicht, gewöhnlich 450 ℔ netto oder 6 Scheffel.

Werden Brode zu alt oder dermaßen durchnäßt, daß sie sich nicht mehr zum Ausgeben eignen, ohne verschimmelt zu sein oder einen multrigen Geruch zu haben, so können sie in Soucharren verwandelt und so noch gut genutzt werden.

6 ℔ Brod geben $3\frac{3}{4}$ ℔ Soucharren, weßhalb eine tägliche Portion Soucharren $1\frac{1}{4}$ ℔ beträgt;

3 Gewichtstheile Mehl geben im Durchschnitt 4 Gewichtstheile Brod.

Außer dem Mehle von Getreide kann man Brod auch aus Mehl von Hülsenfrüchten und von Mais oder türkischem Weizen backen; wie dies in Ungarn, besonders in Croatien, in verschiedenen Distrikten Frankreichs, so wie in Bearn an der Grenze von Spanien, geschieht. Aus gleichen Theilen Mais- und Weizenmehl gewinnt man ein leichtes, schmackhaftes Brod, eben so von Mais und Roggenmehl.

Auch aus Kartoffelmehl oder Kartoffel- und Getreidemehl gemischt, kann man gutes Brod backen.

Ein Pfund Brod von Getreide ist gleich 4 ℔ Kartoffeln oder etwa $\frac{2}{3}$ Metzen.

Von gebackenem Kartoffelbrode wird man immer noch gegen das Weizenbrod 96$\frac{2}{3}$, gegen das Roggenbrod 187$\frac{1}{2}$ und gegen das Gerstenbrod 211 Procent mehr gewinnen, wenn man auch vom Kartoffelbrode 25 Procent mehr verabreicht, denn man gewinnt von einem preußischen Morgen Acker mit Kartoffeln bestellt, 121$\frac{2}{3}$ Procent mehr Ertrag an nährenden Stoffen, als von Weizen; über 212$\frac{1}{2}$ Procent mehr, als von Roggen, beinahe 236 Procent mehr, als an Gerste.

Das zweckmäßigste Verfahren, die Kartoffeln zur Brodbäckerei zu verwenden, dürfte folgendes sein:

Die frisch geernteten Kartoffeln werden gewaschen, an freier Luft wieder getrocknet, dann, mittelst einer Kohlschneide, in dünnen Scheiben zerschnitten, hierauf gewässert, um ihnen den rauhen Geruch und Geschmack zu benehmen, und zwar 18 bis 24 Stunden lang in reinem Fluß- oder Brunnenwasser, welche Operation zum zweitenmale wiederholt wird; demnächst werden die Kartoffelscheiben wieder abgetrocknet und dann gedarrt, wobei die sich entwickelnden Wasserdünste einen freien Abzug haben müssen.

In dem so getrockneten Zustande lassen sich die Kartoffeln nun in Magazinen, so wie auf trockenen Bodenräumen, ohne Feuchtigkeit anzuziehen, aufbewahren, welches bei den nicht ausgewässerten nicht der Fall ist, so wie das daraus bereitete Mehl nun den erdigen Geruch und Geschmack der rohen Kartoffeln völlig verloren hat. Die so getrockneten Kartoffeln könen nun, gleich dem Getreide auf Mühlen zu Mehl verarbeitet werden. Der angestellte Versuch mit einer Metze Kartoffeln, welche 6 ℔ 8 Loth wog, ergab, daß sich, durch obenerwähnte Behandlung, zum Trocknen derselben, das Volumen sowohl, als auch das Gewicht um etwas mehr als $\frac{3}{5}$ verringerte.

N. p.

Herr Lefevre zu Straßburg a. R. hat in diesem Jahre ein Patent erhalten, um aus Kartoffeln, ohne Beimischung einer andern Substanz, Brod zu backen. Sein Kartoffelbrod soll eben so nahrhaft, leicht und schmackhaft sein, als das Brod von Getreidemehl, und wird demnach eine dem Menschen höchst wohlthätige Erfindung.

Als ein brauchbares Brod-Surrogat giebt v. Resch (in dem Intelligenzblatte der allg. Lit. Zeitung Halle 1804 Nr. 30) die weiße Rübe (Brassica rapa) mit Roggenmehl vermischt, an.

Die große Menge Eiweißstoff, die in der Rübe enthalten sey, *) mache sie sehr nahrhaft, und wegen ihrer Ergiebigkeit wohlfeil. Es wurden:

*) Die weiße Rübe enthält 2,5 Procent Eiweißstoff.

1. aus 3 ℔ weißen Rüben und 3 ℔ Roggenmehl 9 ℔ gutes Brod,
2. aus 3 ℔ Rüben und 2 ℔ Roggenmehl $7\frac{1}{3}$ ℔ Brod,
3. aus 3 ℔ Rüben und 1 ℔ Roggenmehl 5 ℔ Brod gewonnen.

Die Rübenmasse wird am Feuer des Backofens den Tag vorher gekocht, und also hierzu kein besonderer Holzaufwand erfordert.

Der Engländer Gouldson hat aus den mehligen Theilen mehrerer Wurzelgewächse, wie Mohrüben, Pastinack u. s. w. nach zweijährigen Versuchen, ein Aequivalent des Weizenmehls bereitet und behauptet: „gutes Mehl und Brod, das dem Weizenbrode um nichts nachsteht, daraus gewonnen zu haben," worauf ihm denn auch 1830 ein Patent ertheilt worden ist.

Sollte dies wahr sein, so dürfte diese Erfindung zu den bedeutendsten und einflußreichsten gehören.

Natürlich wird auf demselben Flächenraume durch Wurzeln viel mehr Mehl gewonnen werden können, als durch Korn, was auf die Wohlfeilheit dieses gewöhnlichsten und nöthigsten Nahrungsmittels der Menschen sehr vortheilhaft wirken müßte. Gouldson behauptet: „es sei die Menge des auf seine Weise gewonnenen Mehls 20 mal größer, als bei dem auf gewöhnliche Weise vom Getreide bereiteten.

Nun hat man noch Brodarten, die man Nothbrod nennt, und womit man solches bezeichnet, das aus zermalmten Moos- oder Flechtenarten, aus Baumrinden, in Versetzung mit wenigem Getreidemehl, bereitet wird. Man kann auch Mehl der Roßkastanien, so wie der Eicheln dazu anwenden, nur müssen solche vorher durch Kalkwasser macerirt und dann wieder getrocknet werden, wodurch ihnen der scharfe, bittere und zusammenziehende Geschmack entzogen wird.

Einen bis jetzt noch nicht zu Brod benutzten Gegenstand bietet (nach Angabe der allgemeinen Encyklopädie der Land- und Hauswirthschaft von Putsche) die Beeten- oder Queckenwurzeln (Trilicum repens Linn.) ein Unkraut, welches in vielen Gegenden den Acker belastet, und mit jedem Jahre sich wieder vervielfältigt. Wird die Queckenwurzel auf einer Malzdarre stark ausgetrocknet, dann zu Mehl vermahlen und dieses mit dem vierten Theil Getreidemehl vermengt, zu Brod verarbeitet, so gewinnt man dadurch ein gutes, wohlschmeckendes - und ziemlich nahrhaftes Brod, das als Nothbrod wohl die meiste Aufmerksamkeit verdienen möchte. Bis jetzt muß man jedoch von allen Brodarten, das aus reinem Getreidemehl bereitete, als das beste anerkennen.

In dem militairischen Taschenbuche vom Jahre 1801 wird angeführt, daß Franz Haggit, Präbendar von Durcham in England, die Entdeckung gemacht haben wolle: „Mehl mit Regenwasser geknetet gebe $\frac{1}{4}$ mehr Brod als mit Quell- oder Flußwasser.

Die von der Frau Majorin v. Trabenfeld, auf Ansuchen des Verfassers, mit der größten Genauigkeit, gütigst angestellten Versuche, wobei das Roggenmehl abgemessen und abgewogen, das Wasser abgemessen und der Sauerteig abgewogen wurden, haben ergeben, daß durch das Einkneten des Roggenmehls mit Regenwasser $\frac{1}{20}$ Brod mehr gewonnen wird, als durch das Einkneten mit Brunnenwasser, wonach das Brod an Quantität zwar nicht unbedeutend gewinnt) denn es wird dadurch bei einer Armee jährlich die Brodverpflegung auf $18\frac{1}{4}$ Tage erspart, was bei 200,000 Mann jährlich mehr denn 50,000 ₰ betragen würde), — jedoch so bedeutend nicht, als Franz Haggit dies angiebt; an Qualität blieben sich dagegen die beiden Brodsorten gleich. N p.

Dies bestätigt also die allgemeine Erfahrung, daß weiches Wasser das Mehl eher und besser auflöst als hartes Wasser.

Bei der Feldbäckerei sind erforderlich: für jeden Ofen ein 6 spänniger Requisitenwagen und 12 vierspännige Wagen zum Transport des Mehls; an Personal 8 bis 12 Bäcker, welche beim Backen sich alle 12 Stunden ablösen, auf 2 bis 3 derselben ein Oberbäcker.

Backöfen mit eisernen Bügeln werden jetzt gewöhnlich 9 Fuß breit und 14 Fuß lang, zu 180 — 190 Stück Brode auf einmal, gebaut, und sind unter Umständen auf 240 bis 250 Stück Brode zu vergrößern. Ein dergleichen Feldbackofen erfordert 1200 Stück Mauersteine, 5 Fuder Lehm und 2 Fuder Sand; die Bügel werden mit Mauersteinen oder Dachziegeln belegt, darüber Lehm geschlagen und dann mit Erde überschüttet: in 5 bis 6 Stunden kann derselbe erbaut und in 6 Stunden ausgehitzt werden.

Backöfen blos von Steinen gemauert; 12 Fuß 6 Zoll breit, 15 Fuß lang und 15 Zoll hoch, fassen 300 Stück Brode; ein solcher erfordert: 2500 Mauersteine, 9 Fuder Lehm und 4 Fuder Sand, mit 8 Mauerern, 24 Stunden Erbauungs- und $7\frac{1}{2}$ Stunde Aushitzungszeit.

Zum Ausbacken eines Wispels Mehl ist, nach Beschaffenheit des Holzes, $\frac{1}{2}$ Klafter und mehr erforderlich. Zum Backen, beim Vorhandensein aller nöthigen Requisiten, und nachdem der Ofen bereits ausgehitzt worden, ist an Zeit erforderlich:

zum Heizen des Ofens	. . .	1	Stunde
zur Bereitung des Teiges	. .	$\frac{3}{4}$	„
zum Ausbacken des Brodes	.	2	„
„ Einschieben „ „	. .	$\frac{1}{2}$	„
„ Herausziehen „ „	. .	$\frac{1}{2}$	„
	Summa	$4\frac{3}{4}$	Stunden,

so daß man binnen 24 Stunden 5mal backen kann.

Wegen des Trocknens sind jederzeit 2 Ofen erforderlich.

Ob diese Einrichtung der Feldbäckerei nicht nächstens eine Abänderung und Verbesserung erfahren sollte, — da man jetzt anfängt aus den Broddämpfen den Spiritus aufzufangen und auch Darrapparate an den Backöfen anzubringen, — (beides im Felde ebenfalls von großem Nutzen) — muß einstweilen dahin gestellt bleiben.

In Betreff des Erbauungs-Materials der Feld-Backöfen wird hier noch angeführt, daß Edmond von Dornach (1829) eine Maschine erfunden hat, womit 4 Personen binnen 12 Stunden 2400 Backsteine von 18 Zoll ins Gevierte, oder 19200 Ziegeln, oder 38400 kleine Backsteine von $4\frac{1}{2}$ Zoll im Viereck fertigen können, welche zugleich auch besser werden, als die nach der gebräuchlichen Art angefertigten.

§. 7.

Koch-Apparate im Felde.

Es ist nicht zu verkennen, daß sich die Einführung von trag- oder fahrbaren Feldküchen sehr nützlich erweisen würde, die das Kochen, schon während des Marsches möglich machen, so daß bei der Ankunft im Bivouac der Soldat sogleich warmes Essen bekommen könnte, ohne erst die ihm zum Ausruhen so nützliche Zeit auf das Herbeischaffen und die Bereitung der Speisen verwenden zu dürfen.

Allein, selbst gesehen, daß hierdurch der Troß nicht unbeträchtlich vermehrt werden würde, (denn für jedes Bataillon ein sechsspänniger Wagen, worauf 2 große Kessel befindlich, oder besser noch für jede Kompagnie ein zweispänniger Wagen mit einem Kessel, eigentlich zwei Kesseln, wären mindestens erforderlich) dürfte es sich nicht selten zutragen, daß einzelne Truppentheile gar nichts zu essen bekämen, wenn dergleichen Feldküchen schadhaft würden, oder sie nicht mit fortgebracht werden könnten, oder vom Feinde fortgenommen würden, oder sich verirrten, indem man sie wohl nicht mit ins Gefecht nehmen kann, u. dergl. m. und beständig würden die beim Hauptrupp befindlichen kleineren Abtheilungen z. B. die kommandirten und detaschirten Leute ꝛc. dabei leer ausgehen, denn sie könnten weder die Feldküche, noch diese jene aufsuchen.

Man hat sich bereits vielseitig damit beschäftigt, trag- und fahrbare Feldküchen zu erdenken und anzufertigen, jedoch sind bis jetzt noch bei keiner Armee dergleichen allgemein in Anwendung gekommen.

Der Graf von Rumford hat schon in den letzten Jahren des vergangenen Jahrhunderts tragbare Feldküchen und Feldkessel für Armeen im Felde, (die auch im Fahren zum Kochen gebraucht werden konnten) erfunden. (s. Annalen der Physik IV. 2 S. 227. u. s. w.)

Der französische Bürger Siauve erfand 1802 einen ökonomischen, tragbaren Ofen, der insbesondere für den Soldaten, zum Gebrauch im Lager oder Felde, bestimmt war. (s. französische Miscellen Band 6. St. 3. S. 163.)

Der Herr v. Kurowski-Eichen hat in der neusten Zeit eine Brochüre „die Feldküche" betitelt, herausgegeben, die dem Verfasser dieses bis jetzt noch nicht zu Gesicht gekommen und ohne Zweifel eine Verbesserung der früher hierüber bekannt gewordenen Ideen ist, jedoch auch gewiß alle Mängel und Nachtheile mit sich führen wird, die bereits über dergleichen Feldküchen hier angedeütet worden sind.

Betrachtet man nun so oberflächlich, was alles gefahren werden muß, um fahrend kochen zu können, so wird man sich bald überzeugen, daß 8 Pferde kaum hinreichen, eine Bataillons- und 4 Pferde kaum hinreichen, eine Kompagnie-Feldküche fortzuschaffen. Die Portion eines Soldaten kann mindestens zu 2 ℔ (nämlich Fleisch, Gemüße, Salz, Wasser ꝛc.) veranschlagt werden,

dies macht auf 1000 Mann . .	2000 ℔,
2 kupferne Kessel jeder à 500 Quart	800 „
beide zusammen Holz, Kohlen, Kochaparate etwa	800 „
2 Köche mit ihren Geräthschäften .	400 „
der Wagen an sich circa . . .	1000 „
Sa.	5000 ℔

Ein kupferner Kessel von mittler Stärke zu 250 Quart wiegt etwa 220 ℔, ein dergleichen zu 1000 Quart wiegt 600 ℔.

Wenn man ferner in Erwägung zieht,

1. daß nur ein Minimum des Gewichts hier an-

genommen worden ist, denn z. B. eine Portion Kartoffeln beträgt allein 2 ℔ (d. i. $\frac{1}{2}$ Scheffel = 25 Portionen) u. s. w.

2. daß zum etwanigen Zugießen von frischem Wasser u. s. w. immer ein zweiter Kessel noch vorhanden sein muß;
3. daß zum Reinigen der Gemüße eine nicht unbedeutende Zeit erforderlich wird, da z. B. ein Mann nur $1\frac{3}{4}$ Metze Kartoffeln mittler Sorte in einer Stunde reinigen kann, und wenn man auch 6 Portionen in einer Stunde annehmen wollte, so wären fast alle Gemeine einer ganzen Kompagnie auf eine Stunde erforderlich, um das Reinigen der Kartoffeln zu einem Gericht für das ganze Bataillon zu besorgen;
4. daß die Voranstalten, als Wasserholen, Feueranmachen, Fleischzertheilen und dergleichen mehr, ebenfalls Zeit und Menschenhände erfordern;
5. daß das Rindfleisch in großen Massen, wie hier, etwa 5 Stunden Zeit zum Kochen gebraucht;
6. daß die Portions-Vertheilung Menschenhände und eine nicht unbedeutende Zeit in Anspruch nimmt; —

so darf man wohl die praktische Anwendbarkeit von dergleichen großen fahrbaren Feldküchen in bescheidenen Zweifel ziehen.

In Uebungs-Lägern sind große Kochgeschirre z. B. von der Portionszahl einer ganzen oder halben Kompagnie oder Escadron viel zweckmäßiger, als die kleinen von zwei Portionen. Hierbei könnte man auch eine dem Ganzen vortheilhafte Einrichtung dadurch treffen, daß man per Infanterie-Bataillon oder per Kavallerie-Regiment 5 dergleichen große, der Kopfzahl anpassende,

Kochkessel in Gebrauch setzte, und zwar 4 für die Mannschaft der Kompagnien, die nicht im Dienst ist, oder vielmehr für jede Kompagnie einen, und einen gemeinschaftlichen Kessel für die Leute des Bataillons, welche im Dienst sind u. s. w.

Die russischen Truppen haben jetzt Kochkessel für Korporalschaften, die gefahren werden, zum Gebrauch im Felde, und hatten dergleichen auch im Feldzuge 1812, und zwar damals von gegossenem Eisen, wobei deren Unbequemlichkeit recht bemerkbar wurde. Auch die Franzosen hatten früher dergleichen. —

Solche Kochkessel für Korporalschaften müssen weder von Kupfer noch von gewöhnlichem Blech, sondern von schwarzem Eisenblech verfertigt sein, denn die letztern schaden der Gesundheit nicht, werden zwar etwas schwerer als jene, dagegen aber auch von längerer Dauer sein.

Für verheirathete Soldaten im Frieden führe ich hier ein gutes Mittel an, irdenes Kochgeschirre dauerhaft und feuerfest zu machen. Man überstreiche ein neues irdenes Kochgeschirr von außen, mittelst eines Pinsels, mit einer dünnen Lehmmasse einige Male, trockne es, und überstreiche dann diesen Lehmüberzug mit Leinöl, so erhält das Geschirr im Feuer gleichsam einen eisernen Harnisch. Ein so überzogener Topf ist weit vorzüglicher, als ein mit Drath übersponnener.

Den Riß eines irdenen Gefäßes dauerhaft auszubessern, verstreiche man denselben mit einem Teig von Ziegelmehl, oder Bolus und Oelfirniß.

N. p.

Die gegenwärtigen Kochgeschirre der preußischen Soldaten aus starkem Ponton- oder englischem Blech, sind sehr zweckmäßig, nur leiden die Löthungen derselben leicht, was vielleicht durch Umkrempen der Enden, der aneinander zu löthenden Stücke, zu verbessern sein dürfte.

Dasselbe besteht, in Beziehung auf den Gebrauch, aus 3 Theilen, nämlich: dem Kochtopfe à 3 bis 3¼ preußische Quart, dem Teller, (auch als Trinkgeschirr zu benutzen) à ½ Quart, der den obern Einsatz des Kochtopfs bildet, in welchem der Griff zur Bratpfanne befindlich, und der Bratpfanne (à ¾ Quart) die den Deckel des Kochtopfs formirt. Die Schwere dieses Kochgeschirrs beträgt 1 ℔ 28⅝ Loth, der Beutel und Riemen zu demselben 12 Loth, Summa 2 ℔ 8⅝ Loth, so daß bequem 400 Stück incl. Beutel und Riemen, auf einen vierspännigen Montirungswagen auf weite Touren verladen werden können.

Dies Geschirr, welches 3 verschiedene Geschirre in sich vereinigt, hat den Vortheil, daß jeder Soldat seine Portion sich selbst bereiten kann, mithin an die Menage seiner Kameraden nicht gebunden ist; andererseits wieder mit einer seiner Kameraden gemeinschaftlich kochen kann, weil es hierzu groß genug ist, wodurch zugleich vermieden wird, zu viel Mannschaften zum Wasserholen aus dem Lager oder Bivouac gehen zu lassen.

Bei einer Allarmirung kann dies Kochgeschirr ohne weiteres zugemacht und mit dem Beutel umschlagen werden, so daß der Soldat mit seinen Speisen gleich dahin zu gehen im Stande ist, wohin ihn der Dienst ruft.

Solche wesentliche Vortheile werden die Soldaten im Felde bald gewahr werden, und ihnen diese Kochgeschirre lieb machen.

Bei der Kavallerie dürfte es zweckmäßig sein, dem Feld-Kochgeschirr, zur besseren Conservation desselben, einen andern Platz, als bisher am Pferde, anzuweisen.

§. 8.

Einbuße bei der Aufbewahrung der Mehlfrüchte und Aufbewahrungs-Dauer derselben, nach Erfahrungen zusammengestellt.

Reiß in Fässern verpackt und auf Böden aufgestellt, hält sich 2 bis 3 Jahre; auf Böden lose ausgeschüttet, etwa 6 Jahre. Derselbe verliert im ersten Jahre etwa 2, im 2ten 3 und im 3ten Jahre 4 Procent (oder 1¼ Loth pro ℔).

Alte Hirse ist in der Regel schlecht; sie erhält sich nur dann lange, wenn sie in den Hülsen gelassen und in Tonnen geschlagen, aufbewahrt wird.

Graupe conservirt sich auf dem Boden in Fässern bis 2 Jahre, frei ausgeschüttet bis 6 Jahre, und verliert 4 Procent.

Grütze wie vor, büßt etwa 5 Procent ein.

Hafergrütze dauert länger. Die Linse, welche auf dem Boden ausgebreitet sich 2 Jahre hält, verliert im 1sten Jahre 5, im 2ten 4 Procent.

Die Bohne, von gleicher Dauer wie die Linse, büßt im 1sten Jahre 4, im 2ten 3 Procent ein.

Die Erbse, auf Böden ausgebreitet, dauert 10 Jahre, verliert im 1sten Jahre 4, im 2ten 3, im 3ten 2 und im 4ten 1 Procent.

Von einem Wispel Weizen und Roggen (à 24 Scheffel), zu Lande nach dem Magazin geschafft, werden im ersten Jahre 8 Metzen, im 2ten und folgenden Jahren 4 Metzen eingebüßt.

Von einem Wispel Malz ist der Verlust im 1sten Jahre 12 Metzen, im 2ten Jahre und den folgenden 8 Metzen.

Von einem Wispel Getreide, zu Wasser nach dem Magazin gebracht, findet man Einbuße: im 1sten Jahre 4 Metzen mehr, als von dem Getreide, welches zu Lande angekommen; im 2ten Jahre, so wie für die folgenden Jahre des Liegens, fällt jedoch der Mehrbetrag weg.

Hieraus geht nun hervor, daß feuchtes Getreide (oder vielmehr Getreide, welches Wassertheile angesogen, viel leichter und schneller zusammentrocknet, als nicht feuchtes Getreide, was übrigens, nach den angestellten Versuchen, mit allen Vegetabilien z. B. Holz, Erbsen u. s. w. der Fall ist. N. p.

Ein gelindes Darren des Getreides, welches hinreicht, den Keimungstrieb desselben zu tödten, schützt es gegen Fäulniß; Kaffabgang, gegen ein weiteres Zusammentrocknen (den sogenannten Krumpfverlust), gegen baldiges Einsaugen von Feuchtigkeiten, und fast ganz gegen Wurmfraß; zu stark gedarrt, verliert das daraus gewonnene Mehl an Gährungsstoff und giebt dann kein gutes Brod. N. p.

Es dürfte vielleicht zweckmäßig sein, das Getreide, so wie die Hülsenfrüchte, erst zu dämpfen (welches in jeder Branntweinblase mit ihrem Kolben, oder in einem gewöhnlichen Dampfkessel, worin Kartoffeln gedämpft werden, geschehen könnte), und dann zu darren. Sind die Körner alle ganz weich und leicht mit dem Finger zu zerdrücken, so haben sie die rechte Gahre, und das eigentliche Kochen ist als vollendet anzusehen, weshalb nach dem Darren derselben die Zubereitung der Hülsenfrüchte als Speise nur geringe Zeit erforderlich machen dürfte.

In gedarrtem Zustande kann Getreide auf Böden 40 bis 50 Jahre aufbewahrt, dabei 3 Ellen hoch aufgeschüttet werden, ohne es mehr als etwa zweimal des Jahres umzustechen.

Zur Aufbewahrung des Getreides hat man auch unterirdische Getreidemagazine, Korngruben, Silos, worin sich dasselbe mehrere 100 Jahre lang vollkommen brauchbar zu Brodgetreide erhält. Diese in den frühesten Zeiten gebräuchliche Art der Aufbewahrung, findet man noch in Rußland, Ungarn, in der Ukraine, in Spanien, Portugal, Italien u. s. w., und wird jetzt in Deutschland nachgeahmet. Diese Silos sind entweder in Felsen gehauen, oder in trockenem Boden ausgegrabene oder ausgemauerte Gruben, oder in Lehmboden ausgegrabene Behälter, deren Wände durch Flackerfeuer von Reisig steinhart gemacht worden. Die besten sind die gemauerten.

Hülsenfrüchte, die jedoch vorher in kochendem Wasser gequellt werden müssen, gelinde gedarrt, (wodurch sie sich um $\frac{1}{6}$ an Maaß und $\frac{1}{5}$ an Gewicht verringern) werden ebenfalls dadurch gegen das gewöhnliche Verderben geschützt, conserviren sich dann weit länger, und gestatten auf diese Weise ein sehr leichtes Abhülsen; in kaltem oder gelinde warmen Wasser gequellt und dann gelinde gedarrt, bringt sie zum Keimen. N. p.

In Spanien, Sicilien und einigen Gegenden des mittäglichen Italiens, pflegt man Gartenbohnen, Erbsen ꝛc. zu rösten, um sie dadurch schmackhafter zu machen und sie dann als eine Art Leckerei zu betrachten. Um sie zu rösten, setzt man einen eisernen oder kupfernen, flachen Tiegel über das Feuer und thut eine bestimmte Menge Sand hinein; so wie dieser anfängt sich zu erhitzen, legt man gedachte Hülsenfrüchte hinein und rührt sie mit dem Sande, mittelst eines Spatels, gut untereinander, so daß die Hitze sich beiden gleichmäßig mittheile, wobei der Sand dazu dient, die Hülsenfrüchte gleichartig zu rösten, ohne sie theilweise zu verbrennen. Wieder kalt geworden, reinigt man die Erbsen, Bohnen u. s. w. durch ein Sieb. Die auf diese Art zubereiteten Hülsenfrüchte halten sich immer gut, ohne je zu verderben, wenn man sie nur an trockenen Orten aufbewahrt.

§. 9.

Ueber die animalischen Nahrungs-Gegenstände des Soldaten.

Nach Erfahrungssätzen hält sich: Butter, in einem gewölbten Keller aufbewahrt, 1 bis 2 Jahre, und verliert 2 Loth pro Pfund, nach der Jahreszeit;

Speck item bis 2 Jahre, verliert im ersten Jahre 8, im 2ten 6 Procent.

Schinken auf dem Boden aufbewahrt, bis 2 Jahre, verliert im 1sten Jahre 10, im 2ten 8 Procent;

Fleisch von so eben geschlachtetem Vieh wiegt schwerer, als wenn es sich erst gesetzt hat, d. h. eine kurze Zeit gehängt, oder gelegen und sich gehörig ausgekühlt hat. Die Feldschlächter pflegen dadurch zu betrügen, daß sie Fleisch von ganz frisch geschlachtetem Vieh liefern.

Die Einwirkung des Mondscheins auf das Fleisch ist dadurch bemerkbar geworden, daß Fleisch vom Monde beschienen, bei weitem eher in Fäulniß überging, als wenn dasselbe den Strahlen des Mondes entzogen wurde. Ueberhaupt äußert der Mond vielfältige Einwirkungen auf Thiere, Pflanzen u. s. w., so z. B. fault Obst leichter, wenn es beim Neumonde abgenommen wird, als zu einer andern Zeit.

Ein Herr Schedel schlug (1796) zur Bereitung einer vorzüglichen Pökelsuppe zum Einsalzen des Fleisches (Ochsen-, Hammel- und Schweinefleisch, wie auch Schinken) nachfolgendes Verfahren vor:

Man nimmt 4 ℔ gemeines Kochsalz, $1\frac{1}{2}$ ℔ guten Zucker, 4 Loth geläuterten Salpeter und 17 Pintbouteillen voll (etwa 20 Quart) klaren Brunnenwassers. Dieses alles läßt man über gelindem Feuer kochen, und schäumt es gut ab. Wenn das abgekochte Salzwasser durchgeseihet und kalt geworden ist, gießt man es über das eingelegte Fleisch, so daß es völlig damit bedeckt ist.

Auf diese Art soll es sich viele Monate halten, und auch hartes, zähes Ochsenfleisch davon so mürbe und zart, wie Fleisch von jungen Hühnern, werden.

Nach vorstehender Methode salzen die Nordamerikaner ihr Fleisch jetzt ein.

In Deutschland nimmt man jetzt zum Einpökeln von 100 ℔ Fleisch 10 ℔ Salz, welches letztere man zuvor röstet, ohne es braun zu machen, umschüttet mit diesem gepulverten und heiß gemachten Salze das Fleisch 1 bis $1\frac{1}{2}$ Zoll dick, um hierdurch schnell dem Fleische die überflüssige Feuchtigkeit zu entziehen u. s. w.

Aus der hierdurch entstehenden Sauce, die nicht zur eigentlichen Pökelsauce benutzt werden kann, ist das Salz, durch das Versieden in einer eisernen Pfanne, wieder herzustellen, ohne daß viel davon verloren geht. —

Das Verpacken des Pökelfleisches geschieht in wasserdichte, eichene Fässer, worin es sich besonders lange hält, sobald selbige inwendig verkohlt worden sind.

Gewöhnlich erhält sich das Lieferungs-Pökelfleisch, im Keller aufbewahrt, 2 bis 4 Jahre und verliert im ersten Jahre etwa 8 Procent; nach früherer Art gut eingepökeltes Fleisch, in kühlem und trockenem Keller aufbewahrt, erhält sich länger und verliert nur im ersten Jahre einige Procente; nach der neuern Art zu pökeln, soll es fast gar nichts verlieren und viele Jahre erhalten werden.

Zum Einpökeln ist die geeignetste Zeit der Herbst und Winter, und die beste Fleischsorte frisches von den größern Knochen befreites Fleisch.

Vieh in erhitztem Zustande zu schlachten, oder das geschlachtete Vieh nicht ausbluten zu lassen, macht das Fleisch weniger gut zum Einpökeln.

In belagerten Festungen, auf Seereisen, und im Allgemeinen da, wo man lebende Häupter nicht erhalten oder ernähren kann, ist Pökelfleisch von höchst wesentlichem Nutzen.

Der nachstehende (1811) gemachte Versuch hat bewiesen, daß Rindfleisch mit seinen Knochen 4½ Jahr, und ohne Zweifel auch auf mehrere Jahre, gegen die Fäulniß aufbewahrt und in einem Zustande erhalten werden kann, in welchem es ein vollkommen gesundes Nahrungsmittel und besonders auch eine brauchbare Bouillon gewährt. Man rieb nämlich Fleisch auf seiner ganzen Oberfläche mit Salz ein, bestreute es noch damit, legte es in ein Faß, ließ es 5 bis 6 Tage darin liegen, nahm es dann heraus, kochte es eine halbe Stunde, und ließ es demnächst 24

Stunden auf einer Tafel ausdünsten. Mittlerweile wurde eine frische starke Salzbrühe gemacht, dieselbe in das Faß gegossen, und das Fleisch, nachdem es mit Salpeter eingepudert worden, hineingelegt, das Faß sodann schnell zugeschlagen und mit einem Lack überzogen. Dieser Lack bestand aus einer Mischung von einem Theile Pech und zwei Theilen Kolophonium.

Pökelfleisch à la campagne.

Ein gut Stück Rindfleisch wird stark mit Salpeter abgerieben und bestreut, dann in einen dichtenen leinenen Beutel, der ebenfalls tüchtig mit Salz ausgerieben worden ist, gesteckt, und demnächst 24 Stunden in die Erde vergraben, (NB. in sofern man 24 Stunden Zeit dazu hat).

Ein alter Truthahn kann, mit Salpeter abgerieben, auf gleiche Weise sehr zart gemacht werden.

N. p.

Zum Einpökeln der Fische, z. B. Häringe, bedient man sich des sogenannten Schifferiesalzes, ein aus großen schuppenförmigen Krystallen bestehendes Salz, das zu dem Behuf auf den Salinen besonders gesotten wird. Seine Krystalle sind reines Salz, frei von den nachtheiligen, fremdartigen Beimischungen, als salzsauerer Kalkerde, salzsauerer Bittererde, Glaubersalz und Gyps, welche sich bei den andern Salzarten, z. B. beim Küchensalze, vorfinden. Seine Kraft, als fäulnißwidriges Mittel, ist daher außerordentlich gut, und dürfte sich auch beim Einpökeln des Fleisches bewähren.

Beim Einpökeln des Fleisches in großer Menge, z. B. für die Armee im Felde, kann man, wenn das Schifferiesalz nicht zu haben ist, das gemeine

Küchensalz, oder an dessen Stelle Steinsalz, umsieden und von neuem krystallisiren, um solches der Beschaffenheit des Schifferiesalzes gleich zu machen.

Sehr viel eingesalzenes Rindfleisch wird von Island, Irland, Pensylvanien, Newyork, Holstein, Jütland, aus letzterm über Hamburg, versandt. Von Irland sollen allein jährlich über 200,000 Tonnen nach Amerika gehen.

Um das Rindfleisch einzupökeln, dürfen die Stücke desselben nicht unter 4 und nicht über 12 ℔ wiegen. Da die Knochenhaut und das in den Knochen befindliche Salz früher in Fäulniß, als das Fleisch, übergehen, so ist es sehr zu empfehlen, das zum Einpökeln bestimmte Fleisch vorher von den Knochen ganz zu befreien oder diesen wenigstens das Mark zu entziehen, — ein Verfahren, das man in England mit Vortheil anwendet; (auch können alsdann die Höhlungen der Knochen mit Salz gefüllt werden.)

Es giebt verschiedene Methoden des Einpökelns, welche jedoch nur in Hinsicht der Quantität des Salzes, Salpeters und Zuckers, so wie der Art des Pressens der Fleischstücke, von einander abweichen.

Eine andere Art animalische Substanzen länger, als im natürlichen Zustande aufzubewahren, ist das Räuchern.

Das Wesen eines jeden Räucherns von verschwelenden oder verbrennenden Vegetabilien, ist ein Gemenge von dunstförmiger Essigsäuere und dunstförmigem, brenzlichem Oel. Diese Rauchtheilchen durchdringen die ihnen dargebotenen animalischen Substanzen, wirken antiseptisch auf dieselben ein, und schützen sie vor der sonst erfolgenden Verderbniß.

In südlichen Ländern (Spanien und Italien) bedient man sich zur Fleischräucherung gewöhnlich des Holzes und der Zweige, auch der Blätter von Orangen- und Zitronenbäumen, so wie vieler dort wildwachsenden, aromatischen Gewächse, namentlich: Salbey, Thymian, Poley, Majoran, Rosmarien, theils einzeln, theils untereinander gemengt. Von dem darin enthaltenen ätherischen Oele hängt der Wohlgeschmack ab, den die dort geräucherten Schinken, Würste und andere für den Genuß bestimmte Gegenstände besitzen.

In den nördlichen Ländern Europas dürfte sich die Wachholderbeere, der Wachholderstrauch und der Feld- oder wilde Thymian am besten dazu eignen.

Um den faden Geschmack der geräucherten Gegenstände zu vermeiden und ihre Haltbarkeit zu vergrößern, ist es nothwendig, sie vorher einzusalzen und sie dadurch zur weitern Behandlung des Räucherns vorzubereiten. Giftige Pflanzen zum Räuchern zu gebrauchen, wie dies nicht selten bei Fischen geschieht, ist der menschlichen Gesundheit höchst nachtheilig.

Das Räuchern des Fleisches kann überhaupt auf dreierlei Wese, nämlich auf dem trockenen Wege, auf dem nassen Wege und mittelst der Holzsäure bewerkstelligt werden.

In beiden ersten Fällen müssen:

a. das Rind- und Schweinefleisch im Sommer 12 bis 14, im Winter 16 bis 20 Tage,

b. das Kalb- und Hammelfleisch so wie die Ochsenzungen im Sommer 8, im Winter 14 Tage, zuvor eingepökelt werden.

Das Räuchern auf trockenem Wege geschieht, bei größern Massen, in sogenannten Räucherkammern, die an jedem Orte eines Gebäudes angelegt werden können. Um gegen Feuersgefahr gesichert zu sein, muß die Räucherkammer aus gebrannten Steinen erbaut werden, die man besser mit Thon als mit Kalkmörtel verbindet, weil der letztere von der Säuere des Rauchs leicht zerfressen wird. Bei kleineren Massen geschieht es in dem Rauchfange (Schornsteine) der Gebäude.

Während der innere Raum der Räucherkammer dazu bestimmt ist, die zu räuchernden Gegenstände aufzunehmen, welche in derselben an eisernen Querstäben aufgehängt werden, wird der Rauch nicht unmittelbar, sondern durch einen abgesonderten Kanal in dieselbe geleitet; auf diese Art kann er sich vorher einigermaaßen abkühlen, wodurch zugleich die gröberen brenzlichen Oeltheile, bevor der Rauch die Gegenstände berührt, niedergeschlagen werden, und der Wohlgeschmack der geräucherten Gegenstände sehr erhöht wird.

Zum Räuchern eignet sich grünes Holz besser als trockenes; hartes, (als Eichen, Büchen, Birken) besser als weiches; am besten Wachholderstrauch, welches den Gegenständen zugleich einen angenehmen Geschmack bereitet.

Das Fleisch wird geräuchert sein, sobald es äußerlich braun ist und sich fest anfühlt. Stark geräuchertes Fleisch hält sich am längsten, kocht aber weniger weich.

Von Ruß gereinigt, wird das geräucherte Fleisch in kühlen und trockenen Gewölben aufgehängt, oder in Kisten oder Tonnen verpackt, in welchen es sich am längsten, nämlich 2 Jahre, hält, wenn es mit Kleie oder Häcksel verpackt worden ist.

Das Räuchern auf nassem Wege, (nach der

Schnell = Räucherungs = Methode des baierschen Oberstlieutenants Sanson, 1824) geschieht durch pulverisirten Glanzruß (Kaminpech) wovon 10 ℔ auf 100 ℔ Fleisch genommen werden.

Aus dieser Quantität Glanzruß, der rein und frei sein muß, und 22 Quart Regen = oder abgekochtem harten Wasser, macht man, etwa 60 Stunden zuvor, eine Lauge, der man später 38 ℔ Salz zusetzt. Hiermit übergießt man das gereinigte Fleisch, so daß es davon bedeckt wird, und beschwert das Fleisch mit Steinen. Nach 8 bis 9 Stunden ist Rind = und Schweinefleisch, nach 5, 6 bis 8 Stunden Kalbfleisch und Ochsenzunge geräuchert und genießbar.

Das Räuchern mittelst Holzsäuere geschieht dadurch, daß man die animalischen Gegenstände einigemale in diese, durch trockene Destillation der Laubhölzer gewonnene, Holzsäuere, eintaucht, die ihrer Natur nach nichts anders, als ein zur tropfbaren Flüssigkeit verdichteter Rauch ist.

Die rohe Holzsäuere, wie sie in der Destillation gewonnen wird, (bei der sie 37 bis 47 Procent von der Menge des Holzes giebt) darf aber hierzu nicht genommen werden, denn sie enthält zu viel grobe, gelöste Oeltheile, die sich an die, in sie eingetauchten Gegenstände anlegen, und ihnen einen widrigen Rußgeschmack ertheilen. Auch enthält sie ein eigenes ätherisches Wesen, dem sie ihren durchdringend flüchtigen, die Augen reizenden Geruch verdankt, und welches dem damit behandelten Gegenstand nachtheilig ist.

Die beste Säuere, als Stellvertreter des Rauches, ist die aus Buchen = und Eichenholz gezogene, welche 3 bis $3\frac{1}{2}$ mal stärker ist als guter Essig. Man läßt sie 3 bis 4 Wochen in Fässern liegen, wobei die gröbern, theerartigen Theile sich aussondern. In diesem Zustande unterwirft man sie einer zweiten Destillation, und zwar so, daß man erst $\frac{1}{6}$ abzieht, welches weniger sauer ist und das flüchtige äthrische Wesen enthält, dann den Rückstand bis auf $\frac{1}{4}$ destillirt und dies Destillat besonders auffängt.

Letzteres ist nun eine ziemlich starke, rauchartigriechende Säuere, worin man das Fleisch u. dgl. nur wenige Stunden einzuweichen braucht, um es eben so gut gegen Verderbniß zu schützen, als wenn es die Rauchkammer passirt wäre.

Die Anwendung der Holzsäuere und dessen Oel, war schon den Aegyptern, als ein fäulnißwidriges Mittel, zur Bereitung der Mumien, bekannt. (s. des jüngeren Plinius Naturgeschichte XVI. B. S. 11.)

Neuerlich hat der Franzose Manger den Nutzen des Holzessigs und Oels wieder in Anregung gebracht, und nach diesem zunächst der Hofrath Joerg das Weitere erörtert. In seiner Abhandlung darüber (erschienen in den Schriften und Verhandlungen der ökonomischen Gesellschaft im Königreich Sachsen, IV. Lieferung, Dresden 1819. S. 69—90), setzt der Verfasser insbesondere die Bereitung und Gewinnung beider chemischen Kräfte — des Holzessigs und Holzöls — in ein näheres Licht, wobei er zur Anwendung beider Mittel auf den Haushalt selbst übergeht, und hierüber speciell sagt: „Behufs längerer Aufbewahrung des Fleisches aller Art müsse dasselbe, besonders zur warmen und feuchten Jahreszeit, einen Tag um den andern mit Holzessig bestrichen werden, um dem Fleische, das sich außerdem nicht hält, zum Durchziehen und Austrocknen mehr Zeit zu lassen u. s. w."

Stockfische werden, im gesalzenen und getrockneten Zustande, mehrere zum Geschlecht der Weichfische gehörende Arten, als Kabliau, Dorsch-Rundfisch, Langfisch u. m. a. genannt, und so zubereitet weit versandt. Der bloß eingesalzene heißt in Norwegen „Saltettorsk," der nur an der Luft getrocknete im deutschen Handel eigentlich „Stockfisch," der gesalzene und getrocknete „Klippfisch." Dieser Fisch ist hier als Soldatenspeise erwähnt, weil er in ganz unglaublicher Menge, besonders bei Newfoundland, bei Island und Norwegen gefangen, in allen Ländern ein bedeutender Handel damit getrieben wird, und sich besonders dazu eignen dürfte, animalische Stoff-Portionen aus ihm zu bereiten, die sich gewiß lange konserviren würden.

In Spiritus eingelegt, kann man animalische Substanzen eine bedeutend lange Zeit erhalten.

Die Kohle verhindert ebenfalls die Fäulniß thierischer Körper; Kohlenpulver ist ein gutes Mittel gegen hartnäckige Verstopfung des Leibes.

Kälte konservirt gleichfalls animalische Körper und zwar sehr lange, weshalb Eiskeller von großem Nutzen sind.

Im luftleeren Raume, z. B. unter der Luftpumpe, können Eier, Fleisch ꝛc. eine Zeit lang gut erhalten werden.

Der Hauptmann v. Foß hat versucht, Fleisch in pulverisirtem Zustande, und zwar mit Gemüßestoffen vermischt, länger aufzubewahren und zugleich die Feldverpflegung des Soldaten dadurch zu erleichtern, allein die damit angestellten Versuche ergaben, daß dergleichen Fleischstoffe durch ihren Geschmack und Geruch Widerwillen erregten, und der Genuß derselben ein Unwohlsein herbeiführte.

Aus dem Fleische die Nahrungs- und Krafttheile herauszuziehen und hieraus Bouillon-Tafeln zu bilden, die eine bedeutende Zeit aufbewahrt und zu Kraftsuppen verwandt werden können, findet bei der Truppenverpflegung im Felde schon mehrseitig Anwendung.

Die einfachste Zubereitung der Bouillon-Tafeln geschieht folgendermaaßen:

„mageres Fleisch und Knochen werden zerschnitten und zerstampft, in weichem Wasser, (am besten in Regen- oder vorher abgekochtem und wieder abgekühltem Wasser) mit etwas Salz und Gewürz, zu einem Brei langsam gekocht, dabei oft abgeschäumt (entfettet), dann wird diese Masse durch ein Haarsieb durchgeschlagen, von neuem zu einem dicken Syrup eingekocht und in ein ander Gefäß zum Abkühlen gebracht."

Hierdurch erhält das gewonnene Präparat eine hinreichende Konsistenz, und eine Beschaffenheit, in der es sich viele Monate lang an kühlen, trockenen Orten oder in blechernen Büchsen aufbewahren läßt.

Etwa $\frac{3}{4}$ mageres Rindfleisch und $\frac{1}{4}$ Kalbfleisch geben eine sehr gute Zusammensetzung gedachter Bouillon-Tafeln.

Zu feinerem Genusse nimmt man dazu noch andere Fleischsorten, vornehmlich alte Hühner; aber auch von Rindfleisch allein können diese Tafeln schmack- und dauerhaft gefertigt werden. Etwa 12 ℔ mageres Fleisch geben 1 ℔ Bouillon-Tafeln, 2 Loth Bouillon-Tafeln eine Portion

Kraftsuppe, oder 1 ℔ Fleisch etwa 8 Tassen Bouillon, welche ungefähr gleich sind ¾ Quart. Kälberfüße, Knochenmark und andere weichlichere Fleischsorten, so wie Wurzelwerk zu den Bouillon-Tafeln zu nehmen, macht diese, nach der Aussage der geschicktesten Köche in Königsberg i. P. zwar schmackhaft, dagegen aber weniger dauerhaft.

Das Fleisch verliert im Allgemeinen nach der Zubereitung, je nachdem es gekocht, gebraten oder geröstet wird, in folgenden Verhältnissen am Gewicht: 4 ℔ Ochsenfleisch durchs Kochen 1 ℔, durchs Braten 1 ℔ 3 Unzen, durchs Rösten 1 ℔ 5 Unzen; *) 4 ℔ Hammelfleisch durchs Kochen 14 Unzen, durchs Braten 1 ℔ 4 Unzen, durchs Rösten 1 ℔ 6 Unzen; demnach verliert dieses durchs Kochen weniger als Ochsenfleisch.

Die Schmelzpunkte der Fette, nach dem Reaumurschen Thermometer, sind:

für	Hammeltag	+ 32°	R.
"	Ochsentalg	+ 31°	"
"	Butter	+ 24°	"
"	Schweineschmalz	+ 21°	"
"	Entenschmalz	+ 20°	"

Die hier genannten Fette erhalten sich länger, wenn sie geschmolzen und von fremdartigen Theilen gereinigt werden. So erzählt uns Hr. Eaton in seinem Werke **Survien of Turkisch Empire**, daß fast alle Butter, die man in Constantinopel verbraucht, aus der Krimm und aus Kirbay hingebracht werde, und man ihr den angenehmen Geschmack dadurch zu erhalten suche, daß man sie, wenn sie noch frisch ist, bei einem gelinden Feuer zerläßt, und den sich dabei bildenden Schaum

*) Eine Unze = ℥ 1 = 2 Loth = 8 Drachmen Apotheker- und Geldgewicht.

abnimmt, — ein Verfahren, wodurch die Tartaren die Butter auf 2 Jahre lang vollkommen gut und schmackhaft erhalten. Der Dr. Anderson empfiehlt zur guten Aufbewahrung der Butter eine Mischung von einem Theil Zucker, einem Theil Nitrum und 2 Theile vom besten spanischen Salze, fein pulverisirt daran zu thun, in dem Verhältniß wie 1 zu 6, sie fest einzuschlagen und an einen kühlen Ort zu stellen. Nach 14 Tagen soll solche Butter alle andere an markigem Geschmack übertreffen, sich Jahre lang in England erhalten und bis nach Indien versandt werden können.

Von 50 ℔ Talg gewinnt man etwa 80—85 ℔ Seife in trockenem Zustande u. s. w.

Eier erhalten sich am besten, wenn sie, in ganz frischem Zustande gereinigt in geschmolzenes bis zum Erstarren abgekühltes Wachs getaucht werden, wodurch man alle Poren der Schale luftdicht verschließt.

§. 10.

Obst und Gemüße zu konserviren, sind nachfolgende Methoden als die zweckmäßigsten anerkannt worden. Nach der in Amerika üblichen Methode, geschieht die Aufbewahrung des Obstes in Zwischenschichten von ausgewaschenem, ganz trockenem Sande, in welcher Lage das Obst, (Aepfel, Birnen) von der Zeit der Reife bis zum Juni des folgenden Jahres sich so frisch und schmackhaft erhalten soll, als ob es eben vom Baume komme.

F. A. Rüder, in seiner landwirthschaftlichen Zeitung (Mai 1832) schlägt vor: das Obst in der Masse von einem oder zwei Fudern trocken und sortirt, auf trocknes Laub oder Stroh, eben so wie die Kartoffeln, an einem trockenen Herbsttage auf Sand- oder Lehmboden zu legen, wiederum mit trockenem Laube, in nicht zu großer Menge, zu bedecken und Sand oder Lehm so darüber zu schütten und festzuschlagen, daß ein zweckmäßiger Ablauf der Feuchtigkeit stattfinden kann. Auch in einer Torfscheune auf Torf, mit Torfmauern und einer Ueberwölbung mit Torfsoden, würde sich das Obst eben so gut und frisch erhalten.

Nimmt man in Stelle des getrockneten Laubes getrocknete Hollunderblüthen vom gemeinen Hollunder, (**Sambucus nigra L.**) so erhalten die Aepfel einen angenehmen gewürzhaften, der Ananas sehr nahe kommenden, Geschmack. — (nach R. Tedeschi, in der Zeitschrift „der Aufmerksame.“)

Backobst, auf trockenem kühlen Boden, frei und umgearbeitet, erhält sich 5 Jahre und büßt dabei etwa 25 Procent ein.

Mit Zucker eingekocht, oder in Essig oder in Spiritus eingelegt, erhalten sich Früchte ebenfalls recht lange.

Die süßen Kastanien werden von den Tyrolern, wie folgt, lange frisch erhalten. Man läßt, in einer Tonne oder an einem kühlen Platze, dürre Kastanienblätter auf einander legen, und darauf eine Lage Kastanien, dann wieder eine Lage Kastanienblätter u. s. w., so wie auch noch oben eine starke Lage. Dadurch entwickelt sich die innere Gährung dieser Frucht langsam, wodurch sie noch zuckerreicher wird.

Wahrscheinlich erhalten sich die großen Lambertusnüsse zwischen Nußblättern auf ähnliche Art lange, ohne auszutrocknen.

Mit der Aufbewahrung von Kartoffeln, — die leicht faulen, leicht erfrieren (schon bei 1° Kälte nach Reaumur), im Frühjahre in den Kellern keimen und nach der Entwickelung des Keimtriebes, ganz unschmackhaft und auch der Gesundheit schädlich werden, — hat man sich schon vielseitig Mühe gegeben, ohne ein recht gründliches Resultat gefunden zu haben.

Das eigentliche Vaterland dieser Frucht ist Peru, von wo sie (1586) der Admiral Franz Drake nach England brachte. Im Anfange des 18ten Jahrhunderts wurde sie in den meisten Ländern Europas bekannt.

Der 7jährige Krieg und der Mangel der ihn begleitete, so wie der noch größere im Jahre 1772 beförderten ihren Anbau überall.

Der Kartoffelbau ist sehr ergiebig, denn der Durchschnitts-Ertrag von einem Magdeburger Morgen (zu 180 rheinländischen Quadratruthen), kann auf 100 preußische Scheffel gerechnet werden.

Zur Aufbewahrung der Kartoffeln ist es nöthig, daß sie reif, gereinigt und trocken sind, daß man von ihnen die einzelnen verdorbenen Kartoffeln entfernt, Frost, Hitze und Feuchtigkeit abhält und daß ihnen das Ausdünsten nicht gänzlich benommen werde. In Kellern, in Gruben (in trockenen Erdboden), in Mieten über der Erde (als die bis jetzt erprobte beste Art) und auf Heuböden, in Tonnen ganz mit Heu umgeben, werden die Kartoffeln gewöhnlich aufbewahrt, allein länger, als bis zum April des nächsten Jahres halten sie sich hierin nicht. In von Backsteinen gemauerten oder ausgelegten Gruben, zwischen Schichten von trockenem Sande und mit einer starken Erdschichte bedeckt, an einem vor dem Zutritte der Feuchtigkeit geschützten Orte, erhalten sie sich zwei Winter hindurch wohlschmeckend und gut, wie auch keimfähig.

Die Versuche des Verfassers, die Kartoffeln als Nahrungsmittel länger wie gewöhnlich genießbar zu erhalten, und sie gegen Frost, Fäulniß und Keimungstrieb zu schützen, haben folgendes Resultat ergeben:

Eine Metze Kartoffeln, (die 6 ℔ 8 Loth wog und 64 Stück enthielt) wurde aus dem Keller genommen und 36 Stunden in eine gewöhnlich warme Stube gestellt, wodurch sie $3\frac{1}{2}$ Loth an Gewicht Feuchtigkeit verdunstete. Eine Metze Kartoffeln, die ebenfalls 6 ℔ 8 Loth wog, (dies macht 100 ℔ der Scheffel) wurde in einer Ofenröhre langsam gedarrt, wobei die einzelnen Kartoffeln einen dunkelbraunen Saft stellweise ausschwitzten, und wodurch das Ganze an Volumen bis auf $\frac{2}{5}$ Metze, und an Gewicht bis auf 2 ℔ 14 Loth schwand, so daß die Metze an Volumen $\frac{3}{5}$, und an Gewicht 3 ℔ 26 Loth verlor. Diese getrockneten Kartoffeln durch Kochen genießbar zu machen, gelang nicht, denn sie waren, wie Gummi-elasticum, zähe und elastisch geworden, hatten ihren Gährungsstoff verloren, dehnten sich beim Kochen nicht wieder aus und hatten einen überaus widrigen Geschmack bekommen. Nach mehreren Monaten gebrauchte der Verfasser einige dieser Kartoffeln zerschnitten, als Mittel, Striche des Bleistiftes damit vom Papier fortzureiben, wozu sie sich eben so gut, wie Gummi-elasticum eigneten.

Dagegen kann man die Kartoffeln, als Speise, dadurch lange aufbewahren, daß man gesottene Kartoffeln schält, zerschneidet, auf dem Ofen trocknet und an trockenen Orten unterbringt. Aus dergleichen Stücken ist sehr gute und schmackhafte Kartoffelsuppe, oder Brei, oder ein nahrhaftes Gemüße zu bereiten. An Gewicht verloren hierbei die Kartoffeln circa $\frac{3}{5}$, an Volumen circa $\frac{2}{5}$, — ein ungemeiner Vortheil auch in Betreff der Transportmittel und Aufbewahrungsräume für dieselben.

Mohrrüben langsam gedarrt, (wobei sie an Volumen etwa $\frac{3}{5}$ und an Gewicht $\frac{4}{5}$ verloren) und dann verwahrt, hielten sich zwar sehr lange, hatten aber etwas an Geschmack verloren; jedoch erst gekocht, dann zerschnitten und so auf dem Ofen getrocknet, hielten sie sich ebenfalls ungemein lange, widerstanden Fäulniß, Frost und Wurmfraß, und verloren beim Gebrauch als Gemüße oder in Suppen ꝛc. nichts an ihrem Wohlgeschmack. N. p.

Bei der Pastinack ist der Hauptvorzug der, daß sie den Frost in der Erde, ohne alle Beschädigung, aushält, und deßhalb im Acker bis zum Frühjahre stehen bleiben kann.

Präparirt man sie, wie vorstehend die Mohrrübe, so ist sie viele Jahre zu erhalten.

Mit den übrigen Erdfrüchten dürfte man in ähnlicher Art verfahren können, um sie länger als Nahrungsmittel zu konserviren, um beim Militair, vornemlich im Felde, die großen Vortheile zu ziehen, welche hierdurch dargeboten werden.

Der Versuch, Meerrettig lange dadurch aufzubewahren, daß die Meerrettigwurzeln, welche 3,5 Stärkegehalt besitzen, langsam gedarrt wurden, gelang zwar vollkommen, allein er hatte hiernach an Kraft verloren und einen höchst unangenehmen bittern Geschmack angenommen. Durch das Darren verlor er $\frac{3}{5}$ an Gewicht. N. p.

Sauerkraut, Sauerkohl, Kapusta.

Beim Einstampfen desselben pflegt man, in der Meinung, die Säuere und Haltbarkeit zu fördern, häufig Salz einzustreuen. Dies ist jedoch ganz entbehrlich. Wenn man das klar geschnittene Kraut, nach Belieben, mit den gewöhnlichen Gewürzen: Kümmel, Dill u. s. w., ohne Salz eingestampft hat, übergießt man dasselbe mit reinem Brunnenwasser und legt noch einige zerschnittene Holzäpfel hinzu. Die Gährung erfolgt wie sonst; und es wird bald genießbar. Nun sorgt man dafür, daß das Wasser, welches sich verzehrt, von Zeit zu Zeit mit frischem Brunnenwasser ersetzt und von demselben das Kraut ganz bedeckt wird, wodurch man, mit bedeutender Ersparniß, das Kraut noch länger erhalten kann, als das gesalzene, und ein vorzügliches Mittel gegen den Scorbut (Scharbock) erlangt.

Die Essig- oder Pfeffergurken erhalten sich sehr lange, wenn man sie, vor dem Einmachen, drei Tage lang mit Salzwasser und dann eben so lange mit kochendem, gewöhnlichem Essig übergießt. Der hin und wieder stattfindende Gebrauch, den Essig in einem kupfernen, unverzinnten Geschirr vor dem Uebergießen abzusieden, um den Gurken die schöne grüne Farbe mitzutheilen, ist der Gesundheit höchst nachtheilig. Streut man, auf ein Viertel-Eimer-Fäßchen, ein gutes Loth Weinsteinrahm (Cremortartari), fein gestoßen, gleich mit dem Salze über die Gurken, und gießt dann den erkalteten Weinessig darüber, so erhalten zwar die gelben und unansehnlichen Gurken keine grüne Farbe, aber die schöne grüne, natürliche Farbe bleibt fast ein Jahr unverändert.

Die Haltbarkeit der Wassergurken wird befördert, wenn man erst nach vollendeter Gährung, wonach sie schmackhaft geworden sind, ein wenig fein gestoßene Salpeterkrystalle ins Gefäß streuet, oder auch, außer den gewöhnlichen Ingredienzien zum Einmachen, noch grüne Eichenblätter nimmt.

Die vorzüglichste Gewürzpflanze zum Einmachen der Gurken, ist Estragon (Dragun oder Kaisersalat.)

Getrocknete Blaubeeren sollte der Soldat im Felde immer mit sich führen, denn sie sind ein sehr probates Mittel gegen die Dyssenterie, zu Deutsch: Durchfall (der nicht zu den seltensten Fällen im Kriege gehört). Sie werden in Wasser aufgekocht und dann genossen, können durch Zucker im Wohlgeschmack erhöht und mit einem Zusatz von Rothwein in gedachter, heilsamer Wirkung verstärkt werden.

Die Gemüße-Arten dürften sich bedeutend vervielfältigen lassen, worüber hier nur ein Beispiel angeführt werden soll. In den vereinigten Staaten von Nord-Amerika wird jetzt der Rhabarber als Küchengewächs häufig gebaut und macht beträchtliche Fortschritte; eben so in England, denn um London sind bereits mehr als 100 Acker Land damit bestellt. Die Blattstengel und Rippen werden davon zu einer wohlschmeckenden, gesunden Speise benutzt, und ein halbes Dutzend Pflanzen sollen zum Bedürfniß einer Familie hinreichen. (s. Universalblatt für die gesammte Land- und Hauswirthschaft 3ter Band Nr. 2.)

§. 11.

Ermittelung der Zeit, in welcher verschiedene Fleischsorten, die etwa in Militair-Küchen oder auf dem Bivouac zur Zubereitung kommen, gebraten werden können, nachdem sie tüchtig geklopft, dann abgewaschen und anfangs an ein mäßiges Feuer gebracht, damit sie erst durch und durch heiß werden; — nach den Durchschnitts-Angaben der besten Kochbücher und ausgezeichnetesten Köche in Königsberg i. P. —

Am Spieß:

Ein Stück Rindfleisch von etwa 15 ℔ muß circa 3½ Stunden, von 30 ℔ 5 Stunden, von 5 ℔ 2 Stunden braten, und mit seinem eigenen Fette begossen werden.

Eine Hammelkeule erfordert 3½ Stunden zu braten, und wird dabei mit seinem eigenen Fette begossen.

Ein Stück Kalbfleisch, von mittlerer Größe, gebraucht 2½ Stunden, um gebraten zu werden, wobei es mit Butter begossen wird.

Ein Lammbraten, bei raschem Feuer zubereitet, erfordert 2 Stunden und Aufguß von Butter.

Eine Schweinskeule . . . 3¼ Stunden;
Ein Geisviertel . . . . . 2½ „
„ Spanferkel . . . . . 2¾ „
„ Haase . . . . 2½ „
am schmackhaftesten, wenn er mit Butter und Schmant begossen wird;
Ein Rehschlägel oder Rehzimmer 3 Stunden;
„ Hirschzimmer . . . . 4¼ „

Ein Zimmer vom wilden Schweine $4\frac{1}{2}$ Stunden; wird mit seinem eigenen Fette begossen;

Eine junge Ente	$1\frac{3}{4}$	Stunden;
„ „ Gans	2	„
„ „ Huhn	1	„
„ Rebhuhn — an ziemlich raschem Feuer — . .	$1\frac{1}{2}$	„

In der Militair-Kastrolle.

Speck, in Stücken geschnitten, (12 Loth) darin auszubraten und flüssig zu machen, erfordert 20 Minuten;

Kramsvögel mit Butter und Wachholderbeeren gebraten, etwa 26 Minuten;

Eine junge Taube fast . . .	$\frac{3}{4}$	Stunde;
kleinere Vögel fast	$\frac{1}{2}$	„
kleine Sorten Fische	$\frac{1}{2}$	„

N. p.

Zeit zum Kochen.

Hierbei werden nachstehende allgemeine Bemerkungen und Ermittelungen voraus geschickt.

Wird das Volumen des Wassers beim Eispunkte 1000 gesetzt, so ist sein Volumen beim Siedepunkte 1,0457.

Wasser siedet bei 28 p. Zoll Barometer-Höhe + 80° R.; Alkohol bei derselben Barometer-Höhe + 64° R.

Bei einem sogenannten Bivouakfeuer kocht das Wasser in einem preußischen Feld-Kochgeschirr in 11 Minuten, in einem irdenen Geschirr in 17 Minuten. N. p.

Setzt man eine gleiche Quantität Wasser und Leinöl in gleichen Geschirren derselben höhern Wärme-Temperatur aus, so zeigt das Wasser eine Temperatur von + 14° R., während das Leinöl bis + 28° R. erwärmt war; erst wenn man diese beiden Flüssigkeiten längere Zeit derselben Wärme ausgesetzt läßt, erhalten sie nach und nach dieselbe Temperatur.

In den gewöhnlichen Küchengeschirren der Haushaltungen erfordert zum Kochen Zeit:

Ein wilder Schweinskopf .	7—8	Stunden;
Ein Kalbs= oder Lammskopf .	—3	=
Dürre Zungen, dürres Fleisch und Schinken	4½—5	=
Kuheiter, Ochsenmagen . .	—6	=
Kalbs= und Lammsmagen .	3½—4	=
Ein Stück Rindfleisch von 1 ℔	—1¾	=
= = = = 8 ℔	—4	=
Ein Stück Kalbfleisch item . .	—2	=
= = Hammelfleisch item	2½—3	=
Kälberfüße	—2½	=
Schweinsnieren	—1	=
Eine Ente	—2	=
= Gans	—3	=
Ein junges Huhn	—1½	=
= altes = ...	2¾—4	=
Fische	—1	=
auch etwas mehr oder etwas weniger.		
Graue Erbsen	—3¼	=
Weiße = ...	—2½	=
Bohnen	—2¼	=
Linsen	—2	=

Diese Hülsenfrüchte mit weichem Wasser gekocht, ohne vorher eingeweicht zu sein. Werden sie einen Tag vorher eingeweicht, so ist $\frac{1}{6}$ bis $\frac{1}{5}$ der Zeit zum Kochen weniger erforderlich.

Graue Erbsen, mit Butter oder guter Bouillon, 1½ Stunden

Kartoffeln in circa	1	Stunde
Mohrrüben / Weiße Rüben	1½	=
Teltauer Rüben	2	=
Pastinack	1¼	=
Weißkohl	1¾	=
Grünkohl	2¾	=
Sauerkraut	3½	=
Sauerampf	¾—1	=
Birnen	1	=
Aepfel	¾	=
Kirschen	¾	=
Pflaumen	¾	=
Reiß	1¾	=
Hirse	2	=
Buchweizengrütze	¾—1	=
Hafergrütze	1¾	=
Nudeln	4	=
Mehlsuppe, eingerührt, eingequerlt	½	=

Alles von dem Augenblicke an gerechnet, als das Gemüße u. s. w. gereinigt, in den Topf mit kaltem Wasser gelegt und so an's Feuer gesetzt worden ist.

Bei großen Quantitäten, in großen Kesseln gekocht ist natürlich eine größere Zeit erforderlich.

Nach den angestellten Versuchen mit den preußischen Feldkochgeschirren ist über ¼ Zeit zum Kochen vorstehender Gegenstände weniger erforderlich.

N. p.

Am wenigsten Zeit zum Kochen erfordern die sogenannten Stoffportionen (Speise=Extracte) von Gemüßen, Mehl und Hülsenfrüchten, die man im Ganzen zu bereiten und an die Soldaten für die Fälle vertheilen lassen kann, daß die Zeit es ihnen nicht gestattet, rohe Gemüße und Fleisch, zu ihrem Unterhalte, zuzubereiten, z. B. auf Vorposten u. s. w.

Die Zubereitung dergleichen Speise-Extracte ist geschehen, sobald man die Portion mit der beliebigen Menge siedenden Wassers zusammengerührt hat, und mit dem nöthigen Abmachsel (Graissage), als Speck (bereits ausgebraten mit seinem Fette), Schmalz, Butter, Talg, nebst dem erforderlichen Salze hinzugethan hat.

§. 12.

In Hinsicht der praktischen Anwendung des preußischen Feld-Kochgeschirres, wird hier im Allgemeinen bemerkt, daß in jedem dergleichen 2 Soldaten-Portionen zubereitet werden können, weßhalb es zweckmäßig ist, daß jeder Soldat die Höhe des Wasserstandes von $\frac{1}{2}$, $\frac{3}{4}$ und 1 Quart in seinem Kochgeschirre durch eine Marke bezeichne, um nicht zu viel oder zu wenig Wasser zu kochen, weil derselbe auf 1 Portion etwas mehr als $\frac{1}{2}$ oder $\frac{3}{4}$ Quart, je nachdem er sie als Gemüße oder als Suppen, dick oder dünn essen will, gebraucht, und wenn er seine Portion Fleisch gleich mit kocht, etwa $\frac{1}{10}$ Quart Wasser mehr nehmen muß.

Kocht er das Gemüße ohne Fleisch, so würden im Durchschnitt 2 Loth Fett zum Abmachen der Speise hinreichen, was sich jedoch nach der Art der Konsumtibilien richtet.

Die Zubereitung in den gedachten Feld-Kochgeschirren dürfte am zweckmäßigsten bewerkstelligt werden, wenn man (zu 1 Portion) bei Stoffportionen zuerst ungefähr ein Quart Wasser kocht, inzwischen im Deckel den Speck bratet oder Butter, Schmalz, Fett, zergehen läßt, dann den

Einsatz voll Wasser abgießt, darauf die Portion in das Kochgeschirr schüttet, das Fett und erforderliche Salz hinzuthut, die Masse bis zur völligen Auflösung umrührt, und von dem im Einsatz befindlichen heißen Wasser, nach Erfordern, noch etwas hinzugießt oder nicht.

Bei unzubereiteten Naturalien ist die Zubereitung allgemein bekannt, und unterscheidet sich von der vorstehend beschriebenen Art nur dadurch, daß nach Reinigung der Gegenstände, das Fleisch, das Gemüße rc. gleich mit kaltem Wasser beigesetzt und abgeschäumt, bei Hülsenfrüchten das erste Wasser abgegossen und frisches hinzugethan wird.

§. 13.

Zubereitung einiger Speisen für Soldaten.

Bei dem Kochen der Stoff=Portionen von Hülsenfrüchten ist es nothwendig, um dieser Speise den herben Geschmack zu benehmen, sie mit etwas Essig anzumachen oder zu vermischen, besser aber noch, bei der Zubereitung dieser Art Stoff=Portionen jenen übeln Geschmack schon zu entfernen, wie früher bereits erwähnt worden.

Spartanische Suppe.

Man schneidet dünne Scheiben von Kommißbrod, bähet (röstet) sie, und streicht dann, — so lange sie noch heiß sind, — Butter oder Schmalz oder gutes Fett darauf, legt sie, nebst etwas Salz und Pfeffer, in das bereits siedende Wasser des Feldkochgeschirres, und läßt das Ganze so beinahe $\frac{3}{4}$ Stunden kochen. Thut man vor dem Anrichten noch einige geschlagene Eier hinzu, so wird diese Suppe um so schmack- und nahrhafter, und kann dann Athenienſiſche Suppe genannt werden. N. p.

Suppe von gebranntem Mehl.

Mehl wird in Schmalz oder Butter braun geröſtet, etwas Kümmel und das nöthige Salz daran gethan, und mit ſiedendem Waſſer angerührt, ſo daß ſie 5 Minuten nach dem Kochen fertig iſt. —

Suppe von dem früher vorgeſchlagenen Zwieback.

Der Zwieback wird zu Pulver geſtoßen und mit ſiedendem Waſſer angerührt, wornach ſie in 5 Minuten fertig iſt. N. p.

Kräftige Suppen aus Knochen.

Knochen enthalten den Haupt-Nahrungsſtoff eines thieriſchen Körpers, welcher, zu Gallerte chemiſch aufgelöſt, auf mancherlei Weiſe, wie insbeſondere zu kräftigen Suppen und andern Speiſen, ingleichen zur Fertigung des Tiſchlerleims u. ſ. w. benutzt wird.

Der Chemiker und Apotheker Cadet de Veaux zu Paris machte (1802) ein einfaches Mittel ausfindig, aus Knochen eine gute nahrhafte Brühe zu bereiten. Man zerſtößt nämlich die Knochen ſo fein als möglich, gleichſam zu Pulver, und kocht ſie im Waſſer, ſo erhält man, zufolge angeſtellter Verſuche, aus 1 ℔ Pulver von geſtoßenen Knochen ſo viel nahrhafte Brühe, als von 6 ℔ Fleiſch. Das Fett, welches auf dieſer Brühe ſchwimmt (3 bis 4 Loth), iſt ſo viel werth, als das Holz, das man anwenden muß, um diese Brühe zu kochen; sie kostet also, wenn man, wie bisher, die Knochen gar nicht bezahlt, gerade nichts. Sie ist übrigens noch leichter zu verdauen, als Fleischbrühe, und hält sich auch 3 bis 4 Tage, ohne sauer zu werden. Demnach ist ein Knochen ein Stück Fleischgallert in fester Gestalt, und da 1 ℔ dieser festen Gallerte so viel Kraft giebt, als 6 ℔ Fleisch, in mehreren Fällen aber anzunehmen ist, daß die Knochen eines Ochsen zusammen genommen $\frac{1}{6}$ so viel wiegen, als alles Fleisch desselben, so wird man, bei der hier vorgeschlagenen Anwendung der Knochen, gerade noch einmal so viel Fleischbrühe, als bisher, erhalten. Der französische Minister des Innern, B. Chaptal, selbst ein berühmter Chemiker, hat die Anleitung, „aus Knochen eine nahrhafte Brühe zu bereiten,“ auf öffentliche Kosten drucken und unentgeldlich austheilen lassen. (S. Oeconomisches Heft 1803 Januar 87.) Nach Fourcroy's, Vauquelin's und Guillot's chemischen Versuchen, enthalten 100 Theile Knochen vom Ochsen 51 thierische und 49 erdige Theile, und von Kälbern 46 thierische und 54 erdige Theile. Trockene Rinderknochen hingegen an erdiger Substanz gegen 60, Gallerte 30 und Fett an 10 Theile.

Die Gallerte aus Knochen zu ziehen, hat der Chemiker d'Arcet in Paris, nach einer besondern Methode*) zuerst gezeigt, indem die Knochen mit verdünnter Salzsäuere übergossen werden, welche den

*) Polytechnisches Journal v. Dingler, 33. B. S. 222 — ebendaselbst 55 B. 2. H. S. 106. f. f. — Bemerkungen über d'Arcets Verfahren; auch in demselben Bande. B. 55. Heft 5. S. 581 ff. — **Recueil industriel. T. XII.**

phosphorsauern Kalk auflöst, und bloß die Gallerte in Gestalt der Knochen zurückläßt, die man alsdann mit warmem und kaltem Wasser auswäscht und trocknet, oder auch durch kochendes Wasser zu Suppen flüssig macht.

20 ℔ Knochen geben 6 ℔ getrocknete Gallerte, (d. i. $3\frac{2}{3}$ ℔ Knochen = 1 ℔ getrocknete Gallerte, oder 1 ℔ Knochen = $10\frac{2}{3}$ Loth getrocknete Gallerte), wovon 4 Loth so viel Brühe geben, als 3 ℔ Fleisch. *) Mit etwas Salz und Gewürz bekommt sie noch mehr Kraft und einen angenehmen Geschmack. Es ist diese Erfindung ein unschätzbarer Gewinn, sowohl zur Unterhaltung der Unbemittelten und Armen, der Garnisonen, Versorgungshäuser, Fabriken und auf Schiffen, als auch ganzer Armeen und Hospitäler. (S. Neues und Nutzbares aus dem Gebiete der Haus- und Landwirthschaft u. s. w. v. J. 1829. S. 116 und 117.)

Noch jetzt setzt man in Frankreich die Versuche über die Nahrungsfähigkeit der Knochengallerte fort, und nach d'Arcets Bericht über die Anwendung derselben in mehreren Hospitälern und Krankenhäusern, enthalten in der Regel 100 ℔ Schlächterfleisch: 24 ℔ trocknes Fleisch, 61 ℔ Wasser und 15 ℔ Knochen, und diese Knochen $\frac{3}{5}$ Erde, $\frac{3}{10}$ Gallerte und $\frac{1}{10}$ Fett.

Seitdem man die Knochen völlig auskocht und die Gallerte als Suppe benutzt, werden die Verpflegten besser und zugleich wohlfeiler ernährt; auch ist die Suppe aus Knochen-Gallerte wenigstens eben so angenehm für den Gaumen, als

*) Was die Ermittelungen des Hrn. Cadet de Beaux noch übersteigt.

die gewöhnliche Fleischsuppe. Die Gallertsuppe wird von den Kranken leichter verdaut, und 400 Portionen mit Erbsen, oder Bohnen, oder Graupen, oder Kartoffeln zubereitet, kosten in Paris 16 Franks d. i. die Portion 4 Centimen oder nach unserer Rechnung circa $3\frac{3}{5}$ Pfennige.

Das auf solche Art ersparte Fleisch erhalten die Kranken als Braten. Die Morgensuppe ist dadurch, obgleich man $\frac{1}{3}$ Fleisch weniger dazu nimmt, kräftiger geworden. — Güter mit großen Holländereien und einer Menge in Kost zu ernährenden Gesindes, so wie größere Speiseanstalten im Militair und Civil, sind diese Winke zur Ersparniß und zur Möglichkeit den Kosttisch gesunder zu machen, gewiß sehr willkommen. *)

Gute Suppe (für Kasernen-Menage) als Morgen- oder Abend-Speise.

8 Loth Gerstenmalz } das eine kann durch das
16 = Erbsenmalz } andere ersetzt werden,
40 = Kartoffeln,
48 = Fleisch mit Knochen roh,
10 = Kochsalz,
$\frac{1}{2}$ = Ingber (Zinzimber)
1 = Kümmel,
$\frac{1}{2}$ = Pfeffer,
10 = Zwiebeln roh,

werden als Proportional-Verhältniß zu dieser Suppe genommen, und bis zu einer gallertartigen Substanz eingekocht. 8 Loth hiervon mit 2 ℔ Brunnenwasser, bis zum Kochen erhitzt, geben eine gute Portion, mithin 4 ℔ hiervon, (welches vor-

*) Landwirthschaftliche Zeitung auf das Jahr 1832, Monat Januar, herausgegeben von F. A. Rüder.

stehende Quantität Ingredienzien circa giebt) für 16 Mann schmack- und nahrhafte Suppe.

Hierbei wird zugleich bemerkt, daß Zwiebeln zwar ein höchst gesundes und für Soldaten vorzügliches Gewürz, und selbst roh mit Brod zu genießen sind, allein an Eßwaaren, die sich lange halten sollen, dürfen sie ungekocht nicht gemacht werden, weil sonst diese Gegenstände dadurch einen verdorbenen Geschmack erhalten.

Sauerampfsuppe.

Ein paar Hände voll Sauerampfer werden mit einer Hand voll Körbelkraut (oder andern Gartenkräutern, oder auch ohne dieselben) fein gehackt und in einem Stück Butter oder Schmalz gedämpft, dann mit kräftiger Fleischbrühe zugesetzt. Eine Viertelstunde vor dem Anrichten kommen fein geschnittene Omeletten (oder etwas Zwiebeln) hinein. Kann man einige geschlagene Eier hinzusetzen, so wird die Suppe desto besser.

Die Blätter des Sauerampfers, welche man hierzu nimmt, haben die Säuere des Sauerklees, und man bereitet daraus auf dem Schwarzwalde, wo er häufig gebaut wird: Sauerkleesalz. 2000 ℔ frisches Kraut geben 16 ℔ Salz.

Salat oder Gemüße von Brunnenkresse.

Der Nutzen der Brunnenkresse ist mehrfach. Im Winter, wo es oft an erfrischenden Kräutern fehlt, dient sie zum Salat. Auch kann man sie als Gemüße essen, oder zerhackt auf Butterbrod legen. Sie hat viele Heilkräfte, wird gegen den Scorbut und bei Hautkrankheiten, als blutreinigendes u. s. w. Mittel angewandt, und ist auch ein Mittel gegen die Lungenfäule des Rindviehs.

Sie wächst in der Regel in freien, tiefliegenden, bewässerten Gegenden, wie bei Erfurth im Dreyenbrunnen.

Die knollenartige Wurzel des sumpfliebenden Ziest, Sumpfroßpoley (Stachys palustris), welcher übrigens aller Orten, selbst auf trockenem Boden wächst, liefert, nach Angabe des Rath Wangemann zu Weimar, ein nahrhaftes, wohlschmeckendes Gemüße und eben so guten Salat. Diese knollenartige Wurzel hält sich den ganzen Winter durch sehr gut, ist äußerst zart und eben so fein, als der Spargel, (dabei von holzigen Theilen ganz frei) und läßt sich mit der Zunge zerdrücken.

Kartoffeln durch erhitzte Luft zu kochen.

Kartoffeln werden am schmackhaftesten und gesundesten für den Menschen gekocht, wenn man sie rein abgewaschen in ein Kochgeschirr (gleichviel ob Topf, Kessel u. s. w), thut, dieses Geschirr mit einem Deckel versieht, und so dasselbe umgestülpt, mit dem Deckel auf glühende Kohlen setzt, wobei jedoch der Deckel, wegen des Ausströmens der erhitzten Luft und der aus den Kartoffeln entwickelten Wasserdämpfe, nicht angeklebt werden darf.

Hierdurch wird eine bedeutende Masse der in den Kartoffeln enthaltenen Wassertheile verdampft, und durch diesen Prozeß eine vortreffliche Speise zubereitet.

Die auf solche Art, in einem gewöhnlichen irdenen Topfe auf glühenden Fichtenkohlen im Ofen zubereiteten Kartoffeln, gebrauchten nur $\frac{1}{2}$ Stunde Zeit, um gar zu werden, wurden jedoch fast eine Stunde auf jenen Kohlen stehen gelassen, um noch mehr Feuchtigkeit zu verdampfen.

Der Scheffel Kartoffeln, sowohl im natürlichen Zustande, als wenn er im Wasser gekocht worden, wiegt circa 100 ℔, behält also seinen Wasser-Gehalt, der bei der Kartoffel 70—75 Procent beträgt.

Bei der vorgeschriebenen Art des Kochens mit erhitzter Luft, verlieren dagegen die Kartoffeln circa ¼ ihres Wassergehalts und dehnen sich fast noch mehr aus, als beim Kochen im Wasser.

N. p.

Alle Erd- und Baumfrüchte, die einen bedeutenden Wassergehalt haben, können auf gleiche Weise vortrefflich gekocht werden. N. p.

Süße und sauere Keilchen.

Man nimmt zur einfachsten Art à Portion 16 Loth Roggenmehl und 1 Loth Salz, welches mit kaltem Wasser eingeknetet und zu Klößen geformt wird. Dieselben werden in Wasser gekocht, und zu diesem Wasser demnächst 1 guter Kochlöffel voll Syrup und 2 Kochlöffel voll Essig, so wie 5⅔ Loth ausgebratene kleine Speckschnitte mit ihrem Fette hinzugethan.

Stockfisch und Klippfisch mit Sauerkraut schmeckt besonders gut, und wird sich für den Soldaten am leichtesten auf folgende Art zubereiten lassen. Der Stockfisch wird tüchtig geklopft, mit siedendem Wasser, worin er mehrere Minuten liegen muß, zweimal abgebrüht, dann geblättert, und demnächst schichtweise mit Butter, Ingber, Salz (wenn es die nur getrocknete Art ist), gerösteten Zwiebeln, Kartoffelschnitten, getrocknetem Brode, untermischt, zugedeckt, etwa ½ Stunde auf Kohlen gedämpft. Die Art für Leckermäuler ihn zuzubereiten, durch Tage langes Auslaugen, Auswässern, Hinzuthun von kostbaren Gewürzen rc. gehört nicht hierher.

Zwiebelsauce.

Einige Zwiebeln werden fein geschnitten, fein gestoßener Zwieback, von der vorgeschlagenen Art, und Kümmel daran gestreut, das Ganze mit siedender Fleischbrühe übergossen und ¾ Stunden lang gekocht. Hat man keine Fleischbrühe, so dämpft man die Zwiebeln in etwas Schmalz, gießt dann Wasser darauf und thut etwas fein gestoßenen Zwieback, von der vorgeschlagenen Art, hinzu. N. p.

Wachholdersauce.

Wachholderbeeren werden gestoßen, etwas gesalzen, fein geschnittene Zwiebeln daran gestreut, und mit gutem Oel und Essig angerührt. N. p.

In großen Menagen in Friedenszeiten, kommt es, bei der Zusammensetzung der Speisen für die Soldaten, auf die Ortspreise der Lebensmittel und auf die etwa vom Staate dem Soldaten bewilligten Geldzuschüsse an, um hierüber einigermaßen etwas Bestimmtes angeben zu können. Gestatten die Verhältnisse es nicht, für den Soldaten täglich ½ ℔ Fleisch anzuschaffen (welches gekocht und dann von Knochen und groben Sehnen getrennt, etwa 10 Loth wiegt), sondern nur 5mal in der Woche ½ ℔ Fleisch, (d. i. 2½ ℔ pro Woche), so dürfte dasselbe am zweckmäßigsten auf die Woche so einzutheilen sein: am Sonntage ½ ℔ und an den übrigen Tagen ⅓ ℔ oder 10⅔ Loth Fleisch, welches letztere gekocht rc. etwa 6½ Loth genießbares Fleisch giebt. Kann der Soldat nur 4mal Fleisch à ½ ℔ wöchentlich erhalten, so wird es am geeignetsten sein, am Sonntage ½ ℔ Fleisch und an jedem der übrigen Tage ¼ ℔ Fleisch, (letzteres giebt gekocht etwas weniger als 5 Loth) zu verabreichen. Weniger als ¼ ℔ und mehr als ¾ höchstens 1 ℔ rohes Fleisch auf eine Portion zu nehmen, ist nicht rathsam, weßhalb bei 3mal Fleisch à ½ ℔ in der Woche, die Eintheilung so zu machen sein dürfte:

Sonntags ½ ℔, Montags und Sonnabends kein Fleisch, und an den übrigen 4 Tagen ¼ ℔.

Es kann ¼ ℔ Schweinefleisch gleich gesetzt werden ⅓ ℔ Rindfleisch.

Sauere Kartoffeln mit Schweinefleisch, wozu erforderlich:

8 Loth Fleisch, 2 ℔ Kartoffeln, 1 Loth Salz	pro Portion,
20 Quart Bieressig, 8 Loth Pfeffer, 3 Metzen Zwiebeln	auf 300 Köpfe.

Es ist hierbei zu bemerken, daß der Essig, welcher an Speisen gemacht werden soll, nicht mit den Speisen zusammen gekocht werden darf, weil:

1) dadurch die Essigsäure verflüchtiget wird, und das Essen einen Geschmack wie schal gewordenes Bier annimmt;
2) in metallnen Kochgeschirren und Kesseln, besonders in kupfernen, durch die Essig-Aetzung ein Produkt erzeugt wird, das der Gesundheit nachtheilig werden kann.

Demnach muß man den Essig erst hinzuthun, wenn eben das Essen vom Feuer abgenommen werden soll, oder bereits abgenommen worden ist.

N. p.

Graupen mit Kartoffeln und Rindfleisch, hierzu:

8 Loth Fleisch,
4 = Graupe,
1 ℔ Kartoffeln,
1 Loth Salz,
} pro Portion,

und Suppenkräuter etwa für 4 Sgl. auf 300 Mann.

Mohrrüben und Kartoffeln mit Rindfleisch, hierzu:

$10\frac{2}{3}$ Loth Fleisch,
$1\frac{1}{2}$ ℔ Kartoffeln,
1 Loth Salz,
$1\frac{1}{2}$ = Mehl
} pro Portion,

3 Scheffel Mohrrüben und die nöthigen Suppenkräuter auf 900 Mann.

Weißkohl und Kartoffeln mit Hammelfleisch, wozu genommen wird:

$10\frac{2}{3}$ Loth Fleisch,
1 ℔ Kartoffeln,
1 Loth Salz,
$\frac{1}{2}$ = Mehl,
} pro Portion,

2 Schock Weißkohl,
$\frac{1}{2}$ ℔ Pfeffer,
2 = Kümmel
} auf 600 Mann.

Erbsen und Kartoffeln mit Speck.

6⅔ Loth Speck,
8 = Erbsen,
1 ℔ Kartoffeln,
1 Loth Salz,
¾ = Mehl
} pro Portion,

nebst den nöthigen Suppenkräutern.

Dieselbe Kost mit Schweinefleisch.

10⅔ Loth Fleisch,
8 = Erbsen,
1 ℔ Kartoffeln,
1 Loth Salz,
½ = Mehl
} pro Portion,

und erforderliche Suppenkräuter.

Kohlrüben und Kartoffeln mit Rindfleisch.

16 Loth Fleisch,
1½ ℔ Kartoffeln,
½ Loth Mehl,
1 = Salz
} pro Portion,

3 Schock Kohlrüben und hinreichende Suppenkräuter für 900 Mann.

Reiß mit Rindfleisch.

8 Loth Fleisch,
8 = Reiß,
1 = Salz
} pro Portion,

und die nöthigen Suppenkräuter, so wie etwas Pfeffer.

Bohnen (weiße) mit Schweinefleisch.

8 Loth Fleisch,
16 „ Bohnen,
½ „ Mehl,
1 „ Salz } pro Portion,
und Suppenkräuter
16 Loth Pfeffer,
6 Metzen Zwiebeln } auf 600 Mann.

Sauerkraut mit Schweinefleisch.

10⅔ Loth Fleisch,
15 „ Sauerkraut,
½ ℔ Kartoffeln,
1¼ Loth Salz, wenn das Sauerkraut nicht mit Salz eingemacht war, } pro Portion,
3 Metzen Zwiebeln,
das nöthige Suppenkraut,
12 Loth Pfeffer,
etwas Kümmel } auf 600 Mann.

Hirse mit Hammelfleisch.

8 Loth Fleisch,
9 „ Hirse,
1 „ Salz } pro Portion,
einige Kräuter und etwas Pfeffer.

Teltauer Rüben mit Hammelfleisch.

10⅔ Loth Fleisch,
⅖ Metze Teltauer Rüben,
1 Loth Salz,
1 Eßlöffel voll Syrup,
etwas Pfeffer u. dgl. } pro Portion.

Nach vorstehenden Beispielen, welche die Verhältnisse der Ingredienzien zu den Gerichten andeuten, können viele andere Militairspeisen zusammengesetzt werden, wobei jedoch die verschiedenen Gewichtsverhältnisse sich ändern, sobald die zu einer langen Aufbewahrung zubereiteten Gegenstände dazu verwandt werden.

Das Fleisch muß bis zur Genießbarkeit, keinesweges aber so stark ausgekocht werden, daß es eine kraft- und geschmacklose Substanz übrig läßt.

Hat das Fleisch viele Knochen und Sehnen, so kann man, nach dem Knochen, nur auf ½ reines, genießbares rechnen.

Bei Fischen rechnet man ¾ ℔ auf 1 Portion.

In großen Militair-Menagen sind z. B.
bei 300 Portionen, 600 Port., 900 P. Erbsen
5 Stunden 6 Stunden 6½ Stunden,
zum Kochen, und 1 bis 2¼ Stunden zum Anrichten, incl. Fleisch, erforderlich; zum Reinigen und Vorrichten der Gemüße z. B. der Kartoffeln, wenn ⅛ der zu beköstigenden Mannschaften dazu kommandirt wird, circa 1¾ Stunde. Diese Data, so wie die schon früher gemachten Angaben über die Zeit des Fleisch- und Gemüßekochens geben den Maaßstab für die Vorrichtungs-, Koch- und Anrichtungszeit, so wie für die erforderliche Händezahl zur Hülfsleistung in größeren Menagen, so daß man z. B. mit 600 Portionen, selbst wenn das Reinigen und Vorrichten der Eßwaaren den Tag zuvor geschieht, bei vielen Gerichten 7½ Stunde Zeit in Anschlag bringen, und daher, bei einer Speisung um 12 Uhr Mittags, das Küchengeschäft um 4½ Uhr Morgens anfangen lassen kann.

Die Reinigung und Vorrichtung der Gemüße fallen ganz fort, wenn solche zum Kochen genommen werden, die zu einer langen Aufbewahrung zubereitet worden sind. Zugleich wird hierdurch das Kochen derselben bedeutend verkürzt, wie bereits bei den einzelnen Gegenständen angegeben worden.

Eine zweimalige, regelmäßige, warme Speisung der Soldaten, (nämlich Mittags und Abends), hat sich aller Orten überaus vortheilhaft bewährt, und zur Verhütung von Krankheiten und leichtern Ertragung großer Anstrengungen nicht unwesentlich beigetragen. Die Ursach hiervon liegt sehr nahe. Der Körper des jungen Soldaten, zum Theil noch im Wachsthum begriffen, bedarf einer öfteren, gesunden Stärkung, die in den nördlichen Klimaten, wo die Witterung so oft und so schnell wechselt, wo derselbe, beim Stillstehen nach starker Anstrengung, bei kaltem Winde nach bedeutender Wärme, leicht der Verkältung ausgesetzt ist, nur dann die Witterungsnachtheile abwehren kann, wenn er warme, zur Sättigung hinreichende, Speisung erhält, wodurch er Abends, im Winter, Herbst und Frühjahr, gelinde erwärmt, im heißen Sommer sein Blut gelinde abgekühlt, und hiermit ihm zugleich ein wohlthätiger Schlaf vorbereitet wird, der immer das erste Erforderniß zur Erstärkung bleibt. Auch lehrt die Erfahrung, daß sich mit gefülltem Magen die Kälte besser ertragen läßt, als mit leerem Magen. Die täglich doppelte warme Speisung läßt sich in größeren Menagen auch, ohne besondere Schwierigkeit, erzielen, wenn wohlfeil und im Großen die Vorräthe eingekauft und zweckmäßig aufbewahrt werden.

Schlußwort.

Da der Magen die Axe ist, um die sich der größte Theil des menschlichen Treibens dreht, so finden nicht allein die Soldaten, sondern auch andere Leute, vornehmlich in Landwirthschaften und Speiseanstalten für die ärmere Klasse u. s. w., in vorstehendem Werkchen Stoffe, wenn auch nicht Nahrungs-Stoffe für den Körper selbst, doch solche für den Geist, die darauf hinweisen, jene leichter aufzufinden, zu bereiten, so wie nahr- und schmackhafter zu machen, wobei der Unterschied zwischen dem, was durchaus erforderlich, und dem, was unentbehrlich ist, eine genaue Erwägung gefunden hat.

Ist es wahr, was in J. König's Geist der Kochkunst (herausgegeben von C. F. v. Rumohr 1822 S. 1 — 9) behauptet wird, daß nämlich die Kochkunst mit dem Nationalcharakter und der Geistesbildung der Völker in Verbindung stehe, so bittet der Verfasser um Entschuldigung, daß er weder auf den sich klugdünkenden, jetzt herrschenden Factions-Geist, noch auf die Leckerbissen der unruhigen Köpfe Rücksicht genommen, und sich gar nicht mit dem Zeit-Geiste und der Volksthümlichkeit, sondern allein mit dem Zeit-Magen und der Menschenthümlichkeit beschäftigt hat.

Der Verfasser.